材料力学を理解して

CAEを使いこなす

Computer Aided Engineering

CAEのよくある悩みと解決法

水野 操 Misao Mizuno【著】

日刊工業新聞社

はじめに

CAEツールの性能の向上と価格の低下、さらにユーザーインターフェースの向上によって、解析を主業務としない設計者やデザイナーがシミュレーションに取り組むことが増えてきています。設計したものが本当に意図したとおりに機能するのかを、作る前にコンピュータ上でシミュレーションを行って確認することが、多くの設計者にとっても当たり前のことになってきています。従来であれば、解析用のデータの設定は面倒なことが多く、とくに普段CADのみを使用している設計者にとっては馴染みがなく使いにくかったのが、現在では普段使っているCADの延長線上で、とりあえず何かしらの解析ができるようになってきています。

このように急速に普及の進んできたCAEですが、それゆえに新たな悩みが出てきています。大きく分けて2つに分けられると筆者は考えています。1つは出てきた解析結果にまつわる問題です。言い換えると、結果をどうやって解釈したらよいのかという悩みです。たとえば、部品設計などで最も一般的な強度解析を行うと、載荷した荷重に応じた変形状態や、様々な指標（たとえば応力など）の結果、綺麗なグラデーションで表示されます。しかし、そもそもそれらの数値の意味するところや、表示の解釈方法がわからなければ、たんにきれいな色がマッピングされた変形形状に過ぎません。

解析結果についてはもう一歩進んで、想定した精度で結果が出てこないという悩みや、想定外の極端な結果が表示されたときにそれらをどう扱ったらよいのかわからないなどのことも起こり得ます。

また、結果以前の話として、どんなにユーザーインターフェースが簡単になっても、現実世界のモデルをシミュレーションに置き換える作業においては、人間が現実を適切に解釈して、適切にシミュレーションモデルに変える必要があります。場合によっては、そもそもどうやって置き換えたらよいのかわからない場合もあります。あるいは置き換えるには置き換えたが、それらが妥当なのかどうかわからないという悩みも発生します。

これらを総合すると、自分の解析モデルが妥当なのかよくわからないと言えます。確かにここが不確かだと、出てきた解析結果が妥当だとしても、それがたまたまうまくいっただけなのか、設定が妥当だから妥当な結果が出たのか確信が持てません。

筆者は最近、設計者 CAE の教育やコンサルティング業務に関わることが増えてきているのですが、特に今までシミュレーションツールに関わったことがない人から、そういった悩みをお聞きすることがあります。その際に共通する点がわかりました。それは、材料力学や解析ソフトのベースになっている有限要素法についての理解が不足していることです。一般に機械設計者であれば大学で機械工学を学ばれている方が多いので、材料力学や機械力学で学んだことを思い出す程度で大丈夫ですが、場合によっては、そのバックグラウンドがない方もいらっしゃいます。その場合には、そもそも用語自体がよくわからずに苦労される方も多いようです。逆に言えば、ここを抑えておけば、前述の構造解析に関する悩みの大部分は解決するといえるわけです。

そこで本書では、「解析ソフトを触っているときに起こる困った」状況をなんとか解決しようということを目的に、ソフトを操作する観点から材料力学と有限要素法の基礎について解説することを試みました。本書が解析ソフトの結果を見るときの困りごとを解決する一助になれば幸いです。

2024 年 2 月吉日

水野　操

目　　次

第3章 基本的な用語を理解して解析してみよう

第4章 現実の再現と「境界条件」

第5章　シミュレーションにおける物体の挙動と材料物性値

第6章　解析結果をどうやって設計に反映するのか

第7章　解析結果の解像度がよくない

第8章　応力が際限なく大きくなっていく

第9章　解析モデルが非現実的な変形をしてしまう

第1章

構造解析（シミュレーション）のために、なぜソフトの使用方法以外の知識が必要？

CAEとよばれる、コンピュータを使って物体の挙動をシミュレーションするためのソフトは、これまでになく使いやすく、安価になってきています。そのため、これまで以上に自分が設計している物体の変形や強度を確認したいという潜在的なニーズに答えやすくなっています。

その流れをうけて、従来はあまり解析に手を出して来なかった人も使用するようになってきています。徐々に「解析ソフトで何ができるの？」という質問が減ってきたかわりに、「解析データの設定方法に自信がない」「表示された解析結果の見方がわからない」「解析結果が妥当なのかどうかがよくわからない」などの、解析にトライしたがゆえの具体的な質問を聞くことが増えてきました。

CADの場合は操作の結果としての形が目に見えるため、「操作ができた＝使える」と考えてもそれほど間違いではないでしょう。ところが、解析の場合にはソフトの操作ができたからといって、CAEが使えるようになったとは限りません。CAEのソフトは、結果を計算してくれるブラックボックスに設定データを投げ込めば答えが出てきますが、それが妥当なものとは限りません。「Garbage in, Garbage out」という言葉があります。「ゴミを入れたらゴミが出てくる」という意味のとおり、不適切な入力をすれば不適切な結果がでてくるだけです。

では、どうすればCAEソフトを適切に使えるようになるのでしょうか。一言でいえば、シミュレーションのプログラムの元になっている力学などの情報をきちんと理解しておく、ということにつきます。もっとも、大学で機械工学などを学んでいれば、必要な知識を一度は学んでいるはずです。解析ソフトの使用に苦労しているというのは、つまり、これらの知識を忘れてしまっているとか、あるいは体系的に機械工学などを学んだことがなく、ベースとなる知識がないということになります。

また、材料力学とは直接関係ありませんが、ほとんどの商用構造解析ソフトは、「有限要素法（Finite Element Method）」がベースになってプログラムされています。通常、解析プログラムを使用するにあたって、有限要素法についての詳しい知識は必要ありません。しかし、それがいったいどんなもので、どんな特徴を持っているのかを知っていると、より精度の高い解析結果を導くこともできます。知識を持つ、持たないが、場合によっては解析結果の妥当性に影響を及ぼしてくる可能性がここにもあるということになります。

本書の目的は、このような知識と結果のギャップを解消しようというものです。本書では主に以下の2点をカバーしていこうと考えています。

1)　構造解析（応力解析、強度解析）をするために必要な知識、すなわち材料力学
2)　商用解析ソフトで解析を行うために役立つ有限要素法（離散化）に関する知識

もちろん、これだけですべてが解決するわけではないですが、少なくとも初めて解析プログラムに触れて、設定に迷っていたり、解析結果をどのように判断すればよいのかわからなかったりする、はじめの一歩を踏み出す前の迷路を脱出できるのではないかと考えています。ということで、早速始めていきましょう。

1.1　構造解析プログラムを使い始めた直後によくある悩み

筆者は普段、お客様の製品開発のプロセスにおいて自ら解析業務を多く請け負っています。その一方で自ら解析は行わずにお客様の解析業務支援、教育を行うことも多々あり、様々な困りごとをお聞きします。内容は多岐にわたりますが、特に解析を始めたばかりの方に共通する悩みも存在します。

ただ、筆者個人が聞いたお話しだけでは若干説得力に欠けますので、とあるソフトベンダーさんのサポートに寄せられたものも併せて、順不同にまとめてみたものが以下のようになります。

1)　接触：定義方法や使い方がよくわからない

2）部品の干渉があって解析が進まない（干渉が大きな問題の原因になっていることを知らない。あるいは、エラーや警告がでても、問題個所を発見したり修正したりすることができない）
3）解析で使うモデルの簡略化がうまくできない（デザインで作成したモデルのまま解析を行ってしまい、時間がかかったりエラーが発生したりする）
4）現実のモデルを反映するような境界条件（拘束条件、荷重条件）をどのように設定したらよいかわからない
5）様々な解析の種類がソフトで用意されている場合、どれを使用するのが適切なのかよくわからない
6）メッシュの設定項目の内容や設定方法がよくわからない
7）使用しているソフトの得意な形状、苦手な形状がよくわからない
8）エラーの内容がよく理解できない
9）材料のカスタマイズ方法がよくわからない
10）結果の評価：計算結果をどう評価したらよいのかわからない（結果が正しいのか、まちがっているのか）、あるいは設計に結果をどう反映したらよいのかわからない

直接的には、上記の悩みのほとんどはソフトの使い方に起因するものとも言えますが、さらに詳しく見てみると、本書でゴールとしている二つの項目に結び付くものも少なくありません。若干強引すぎる解釈かもしれませんが、たとえば、上記の項目の1)、3)、4)、8)、9)、10）は、材料力学の知識もある程度役に立ちますし、2)、5)、6)、7)、8）については有限要素法の知識をある程度知っておくことで対処することが可能になると思います。

さて、ここからこれらの悩みを解決すべく解説をしていきますが、本章では書籍の概要とともに有限要素法の基礎知識についても説明していきたいと思います。他にも、自動メッシュ作成が失敗するとか、作成されたメッシュが自己交差して解析できない、などもポピュラーですが、これは元になるCADのジ

オメトリに依存するので本書では割愛させていただきます。

本題に入る前に、本書で取り扱う内容を明確にしておきたいと思います。以下に示すように、世の中には解析ソフトと呼ばれるものが、実はたくさんあります。それだけではなく、本書で私たちが見ていこうとしている設計者CAEのソフト自体も、多くの物理現象を解析できる機能が備わっています。本書でカバーするのは、以下で示される「線形静解析」と呼ばれるものであり、その位置づけも明確にできたらと思います。

1.2　自分のやりたい解析は一番基本的な線形の静解析でよいのか？

前述したように、最近の解析ソフトは、それが3D CADに付属した解析ソフトであっても、実に多様な種類の解析機能が用意されています。「やりたいことは色々とあるが、解析の機能が多すぎるため、どれを選べばよいのかわからない」、あるいは「一番基本的な『線形静解析』を選んでいるが、それが妥当なのかどうかがよくわからない」という質問をいただくことも少なくありません。たとえば、第3章の冒頭では片持ち梁の解析のために「線形静解析」を実施するのですが、それは妥当なのでしょうか？　妥当ならばそれはなぜでしょうか？

世の中には実に多くの種類の解析がありますが、よく見るものを大まかに分類すると**図1.1**のようになります（これらが全てではありません）。

図1.1の中で、一般的に物体の変形や強度を見る解析は「静解析」か「動解析」になります。片持ち梁の解析では、動きが問題になるような挙動がないため「静解析」でよいということになります。さらに、変形量は目視で確認できるものですが、大きくたわんでしまうわけではありませんので「線形解析」でよいと判断します。このような考え方で、多くの設計者CAEと呼ばれる、CADとともに使用する解析ソフトにおいてデフォルトとなっている「線形静解析」で進めてよいということになります。

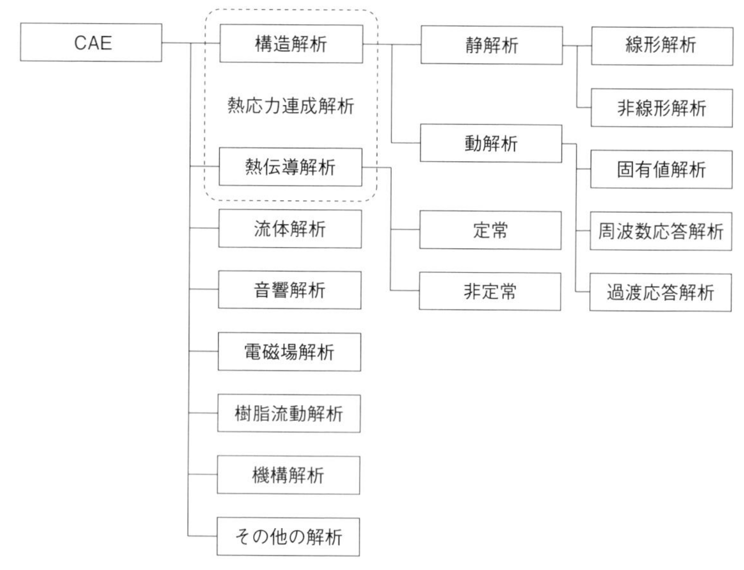

図 1.1　CAE がカバーする様々な解析の分野

ちなみに、設計の途中で部品の強度を確認するために使用するのは線形静解析で大丈夫です。大変形する部品を使用する機械など、誰も怖くて操作できませんよね。部品設計などにおいては、大多数の解析は線形静解析で行ってよいと考えてもそれほど間違いではないでしょう。

ということで、いよいよ本題に入っていきましょう。

第2章

CAEで構造解析を行う前に知っておきたい、有限要素法の基礎知識

さて、本書は主に材料力学の観点から「シミュレーションツールの困った」状況を解決することを目的にしていますが、それに加えてもう一つだけ知っておいていただきたい知識があります。それが「有限要素法」の基礎知識です。

そもそも、なぜコンピュータでモデリングした形状のどこかを固定して、荷重をかけると変形状態がわかり、あるいはどこに強い力が発生するのかがわかるのでしょうか？　当然、その計算をやってくれるプログラムが中に入っているからです。

主要な商用の構造解析プログラムでは、その手法として有限要素法を使用しているのは前述のとおりです。その有限要素法について簡単に解説していくのが本章です。実は、解析プログラムの元になっている有限要素法を理解しているかいないかで、適切な解を導けるかどうかにかかわる場合もあるのです。

この章では、少々数式などが続きますが、これらの式を理解する必要はありません。有限要素法を使った解析プログラムがどのような流れで計算を行っているのかイメージができれば大丈夫です。

2.1　有限要素法(Finite Element Method)とは

有限要素法とは簡単に言えば、「解析したい対象を有限な要素に分割して、微分方程式を“近似的に”解く方法」です。より具体的に言うと、「Cauchy（コーシー）の第1運動法則」と呼ばれるものを近似的に解く方法が有限要素法です。Cauchyの第1運動法則は以下のような式(2.1)で表現されます（違う形式で表現される場合もあります）。

$$\rho\alpha_i = \frac{\partial\sigma_{ij}}{\partial x_{ij}} + \rho g_i \tag{2.1}$$

ちなみに、解析プログラムを使っていく上では、有限要素法の背景にはこのような式があることを理解していれば大丈夫です。ここからは、有限要素法では、一体どのようにして挙動が求められていくのかを見ていきます。有限要素法のプログラムの中ではざっくりと以下のようなプロセスが走っています。

1）　メッシュの作成（離散化）
2）　要素剛性マトリクスの構築
3）　全体剛性マトリクスの構築
4）　境界条件の適用
5）　マトリクスの求解（方程式を解く）
6）　変位などの結果を出力する

すでに、この段階で、馴染みのない言葉がでてきているかもしれませんが、後述しますのでここでは気にしないで読み飛ばしてください。この流れは、皆さんがどの解析プログラムを使っていたとしても同じと考えて大丈夫です。では、1プロセスごとにその中身を見ていきましょう。

1）メッシュの作成（離散化）

有限要素法では、実に様々な形の部材に対応できます。その理由の一つが離散化、つまり本来は連続体である部材を「有限要素」という小さな領域に分割して、それらの集合体として形状を表現しているためです。

離散化する際には、以下のように任意の形である解析対象を、任意の形の要素に分割します。設計者CAEでは、どこに荷重をかけるかなどの設定をCADで作成したジオメトリ上に直接定義することが多いのですが、実際に解析プログラムが計算に使用しているのはCADで作成したジオメトリではなく、ジオメトリを元にして生成されたメッシュです（**図2.1**）。ソフトによっては明示的にメッシュを作成せず、バックグラウンドで自動的にメッシュを生成して解析を実行しているものもあります。意識しないことも多いかもしれませんが、解析に使用しているのはこのメッシュだということを理解しておいてください。

元々は連続体である領域をV、要素分割したときのそれぞれの領域をV^eとするならば、離散化したモデルでの全体の領域は要素の領域の集合体となりますから、以下の式(2.2)で表現することができます。

$$V=\sum V^e \tag{2.2}$$

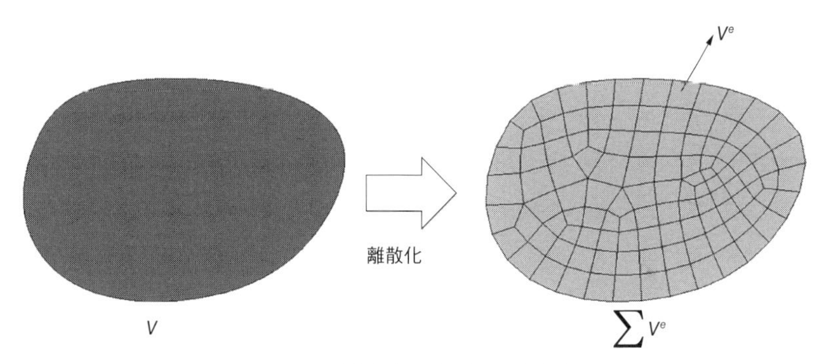

図 2.1　解析対象の形状の離散化

乱暴に言えば、本来は一つの塊であった物体を、細かい領域の集合体にしてしまいましょう、ということです。この小さな領域が有限要素、あるいは単に要素と呼ばれるものになります。このように細かく分けた要素の形は一つではありません。詳細は後述しますが、ここでは多種多様なものがある、ということだけ理解してください。

有限要素法では、実際の形状を立体や平面の要素の集合体としてみるのです。全体の挙動を一度に求めることができなくても、単純な形の要素一つ一つの集合体としてみることで、部品の形状に関係なく挙動を求めていくことができます。

ちなみに、要素一つの変位は要素を構成する「節点」の移動で表現します。節点とは、要素を構成する辺を結ぶ頂点にあたる部分です（二次要素の場合には要素のエッジの中間にもあります）。節点と節点の間である要素の中間部分の変位は、形状関数と呼ばれるもので表現します。

図 2.2 のような 4 節点四辺形要素の場合の形状関数（一部）は以下のような式(2.3)で表現されます。詳しく知りたい方は、有限要素法の理論の専門書などをご確認ください。

$$N^1 = \frac{1}{4}(1-\xi)(1-\xi) \tag{2.3}$$

ちなみに、解析結果が出た後の応力のコンター図プロットなどは、これらの形状関数が流用されています。

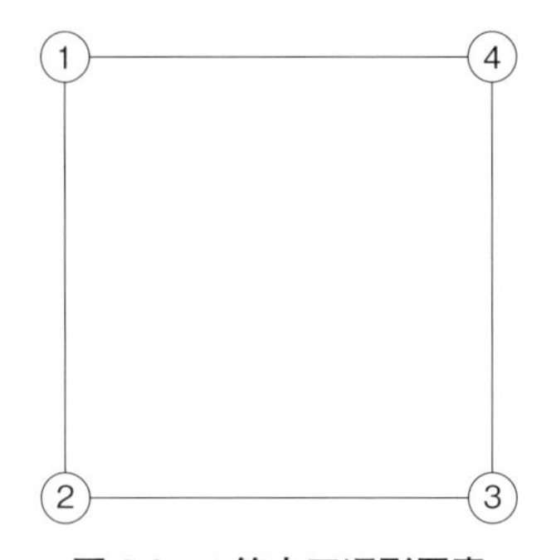

図 2.2　4 節点四辺形要素

2）要素剛性マトリクスの構築

さて、実際の形状を要素の集合体として表現するのはよいとしても、要素そのものの挙動、すなわち要素に荷重が加わったとき、その要素がどのように変形するのかはどのように求めるのでしょうか。実は、これも比較的シンプルな考え方をしています。一つ一つの要素を「バネ」として考えるのです。そうすることで、以下の式(2.4)から要素一つの挙動は容易に計算することができます。

$$F = ku \tag{2.4}$$

どこかで見覚えがあるという人も多いと思います。いわゆるフックの法則です。もちろん、たとえばテトラ要素などの 3 次元の要素は節点ごとの自由度が 3 つありますので、バネの数は自由度の分だけ増えます。すなわちバネ剛性 k は、一つの数字ではなくマトリクスの形式になりますが、基本的に考え方は同じです。

このように一つ一つをバネとして考えれば、それらの集合が全体を表すバネとして考えることもできますね。実際の計算では、冒頭に述べた Cauchy の第 1 運動法則に、応力・ひずみ関係式、形状、変位境界条件、応力境界条件を与えて物体の変形を求めるような流れになっています。

応力・ひずみ関係式は以下の式(2.5)のようなものです。

$$\sigma = E\varepsilon \tag{2.5}$$

材料力学などでもよく見る式ですが、これらをテンソル形式で表現すると以下の式(2.6)のようになります。

$$\begin{Bmatrix} \sigma_{11} \\ \sigma_{22} \\ \sigma_{33} \\ \sigma_{12} \\ \sigma_{23} \\ \sigma_{13} \end{Bmatrix} = \begin{bmatrix} D_{11} & D_{12} & D_{13} & D_{14} & D_{15} & D_{16} \\ & D_{22} & D_{23} & D_{24} & D_{25} & D_{26} \\ & & D_{33} & D_{34} & D_{35} & D_{36} \\ & & & D_{44} & D_{45} & D_{46} \\ & sym & & & D_{55} & D_{56} \\ & & & & & D_{66} \end{bmatrix} \begin{Bmatrix} \varepsilon_{11} \\ \varepsilon_{22} \\ \varepsilon_{33} \\ 2\varepsilon_{12} \\ 2\varepsilon_{23} \\ 2\varepsilon_{31} \end{Bmatrix} \tag{2.6}$$

マトリクスの部分は一般にＤマトリクスとも呼ばれます。ここに等方性材料と呼ばれる、方向に関わらず材料の物性値が変わらない材料の場合の材料物性値を当てはめてみると、以下の式(2.7)のようになります。

$$\begin{Bmatrix} \sigma_{11} \\ \sigma_{22} \\ \sigma_{33} \\ \sigma_{12} \\ \sigma_{23} \\ \sigma_{13} \end{Bmatrix} = \frac{E}{(1+\nu)(1-2\nu)} \begin{bmatrix} (1-\nu) & \nu & \nu & 0 & 0 & 0 \\ & (1-\nu) & \nu & 0 & 0 & 0 \\ & & (1-\nu) & 0 & 0 & 0 \\ & sym & & \frac{(1-2\nu)}{2} & 0 & 0 \\ & & & & \frac{(1-2\nu)}{2} & 0 \\ & & & & & \frac{(1-2\nu)}{2} \end{bmatrix} \begin{Bmatrix} \varepsilon_{11} \\ \varepsilon_{22} \\ \varepsilon_{33} \\ 2\varepsilon_{12} \\ 2\varepsilon_{23} \\ 2\varepsilon_{31} \end{Bmatrix} \tag{2.7}$$

本書の後の章で述べていきますが、最もシンプルな応力解析において必要とされる材料物性が「ヤング率」と呼ばれる剛性を定義する数値と、「ポアソン比」と呼ばれる縦ひずみと横ひずみの割合を示す数値です。それらがなぜ必要なのかというと、まさに要素剛性を定義する際には、これら二つの数値が用いられているからと言えます。

以上で応力とひずみの関係がわかりましたので、今度はひずみと変位の関係を見ていきたいと思います。変位とひずみの定義については後の章で述べていきますので、ここではそういうものがあるという理解で大丈夫です。

まず、変位とひずみは以下のような式(2.8)で関係づけられます。

$$\varepsilon = Bu \tag{2.8}$$

ここで、ε がひずみ、u が変位で B がひずみと変位を結びつけるものです。これも実際にはテンソルになりますので、一般にＢマトリクスと呼ばれます。ちなみに、本書で主に対象としている線形弾性の材料の場合には、ひずみは以下のような式(2.9)で表現されます。

$$\varepsilon_{ij} = \frac{1}{2}\left(\frac{\partial u_i}{\partial x_j} + \frac{\partial u_j}{\partial x_i}\right) \tag{2.9}$$

このひずみは微小ひずみと呼ばれます。変位は、節点変位と前述の形状関数から以下の式(2.10)のように表現できます。

$$u_i = \sum_{n=1}^{n=m} N^n u_i^n \tag{2.10}$$

これらを踏まえて、図2.2の4節点四辺形要素を例にとれば、以下の式(2.11)のように変位とひずみを表現することができます。

$$\begin{Bmatrix} \varepsilon_{11} \\ \varepsilon_{22} \\ 2\varepsilon_{12} \end{Bmatrix} = \begin{bmatrix} \frac{\partial N^1}{\partial x_1} & 0 & \frac{\partial N^2}{\partial x_1} & 0 & \frac{\partial N^3}{\partial x_1} & 0 & \frac{\partial N^4}{\partial x_1} & 0 \\ 0 & \frac{\partial N^1}{\partial x_2} & 0 & \frac{\partial N^2}{\partial x_2} & 0 & \frac{\partial N^3}{\partial x_2} & 0 & \frac{\partial N^4}{\partial x_2} \\ \frac{\partial N^1}{\partial x_2} & \frac{\partial N^1}{\partial x_1} & \frac{\partial N^2}{\partial x_2} & \frac{\partial N^2}{\partial x_1} & \frac{\partial N^3}{\partial x_2} & \frac{\partial N^3}{\partial x_1} & \frac{\partial N^4}{\partial x_2} & \frac{\partial N^4}{\partial x_1} \end{bmatrix} \begin{Bmatrix} u_1^1 \\ u_2^1 \\ u_1^2 \\ u_2^2 \\ u_1^3 \\ u_2^3 \\ u_1^4 \\ u_2^4 \end{Bmatrix} \tag{2.11}$$

先ほどのＤマトリクスは材料が決まればそれで中身が決まりますが、Ｂマトリクスの場合には、中身が形状関数であるため、どのような要素を使用するのかによって中身も変わってきます。

必要な情報がそろってきたので、ここから途中の式の導出は割愛しますが、物体の力の釣り合いを、Cauchy の第１運動法則、仮想仕事の原理、部分積分やガウスの発散定理と呼ばれるものを使って導いていくと、以下の式(2.12)のように示すことができます。

$$\sum_e \int_{V^e} [B]^T [D] [B] dV \{u^N\} = \sum_e \left(\int_{V^e} \rho [N]^T \{g\} dV - \int_{S^e - S_D^e} [N]^T \{t\} dS \right) \quad (2.12)$$

この式は一見難しそうにも見えますが、実は左辺が剛性マトリクスと変位ベクトル、右辺が外力ベクトルになっているのです。つまりこれは、式(2.13)と示せます。

$$[K]\{u\} = \{F\} \quad (2.13)$$

これはさらに連立一次方程式になるので、任意の荷重に対する変位量を求めることができます。なお、上記の式には積分がありますが、これらの積分はガウス積分などの数値積分を用いて行います。要素の応力やひずみといった値は、一般にガウスの積分点などと呼ばれるサンプリングポイントの位置で行われます。

上記の式の左辺である式(2.14)は各要素の剛性マトリクスになります。

$$\sum_e \int_{V^e} [B]^T [D] [B] dV \quad (2.14)$$

1次の四辺形要素の場合には、以下の式(2.15)のとおりに表せます。

$$\begin{bmatrix} K_{11}^e & K_{12}^e & \cdots & K_{17}^e & K_{18}^e \\ K_{21}^e & & & & K_{28}^e \\ \vdots & \vdots & \ddots & \vdots & \vdots \\ K_{71}^e & & & & K_{78}^e \\ K_{81}^e & K_{82}^e & \cdots & K_{87}^e & K_{88}^e \end{bmatrix} \quad (2.15)$$

このマトリクスの大きさは「要素の節点数×自由度数」になります。たとえば、今回の1次の四辺形要素の場合、節点数は4、自由度はXとYの2になりますので、マトリクスの大きさは、8×8になります。

このようにして、要素はざっくりバネだよ、という仕組みが導かれました。有限要素法によるシミュレーションでは、これらのバネがたくさん集まって全体のバネを表現するということなので、次に全体の剛性を考えてみます。

3）全体剛性マトリクスの構築

全体剛性マトリクスの構築は、一言で言えば力業です。存在する要素の分だけ足し算をしていくことになります。話をシンプルにするために、以下のような１次の四辺形要素二つで構成されたモデル・**図 2.3** を考えます。

この二つの要素の剛性マトリクスをそれぞれ以下の式(2.16)、(2.17)のように表現します。

$$\begin{bmatrix} K^1_{11} & K^1_{12} & \cdots & K^1_{17} & K^1_{18} \\ K^1_{21} & & & & K^1_{28} \\ \vdots & \vdots & \ddots & \vdots & \vdots \\ K^1_{71} & & & & K^1_{78} \\ K^1_{81} & K^1_{82} & \cdots & K^1_{87} & K^1_{88} \end{bmatrix} \tag{2.16}$$

$$\begin{bmatrix} K^2_{11} & K^2_{12} & \cdots & K^2_{17} & K^2_{18} \\ K^2_{21} & & & & K^2_{28} \\ \vdots & \vdots & \ddots & \vdots & \vdots \\ K^2_{71} & & & & K^2_{78} \\ K^2_{81} & K^2_{82} & \cdots & K^2_{87} & K^2_{88} \end{bmatrix} \tag{2.17}$$

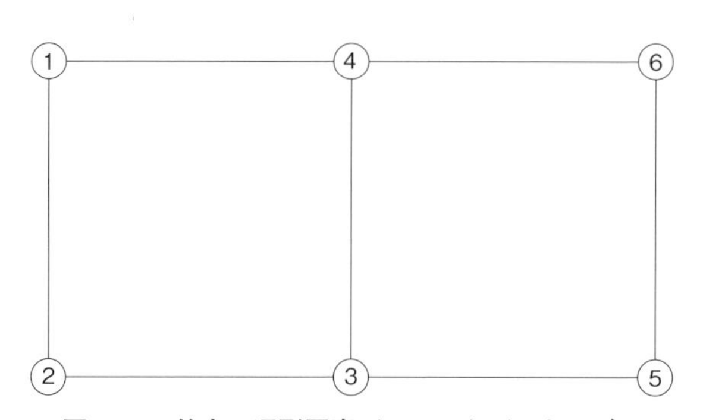

図 2.3　4 節点四辺形要素が二つつながったモデル

この二つの剛性マトリクスを合成して、かつ変位ベクトル、荷重ベクトルと合わせて表現すると以下のような式(2.18)になります。

$$
\begin{bmatrix}
K^1_{11} & K^1_{12} & K^1_{13} & K^1_{14} & K^1_{15} & K^1_{16} & K^1_{17} & K^1_{18} & 0 & 0 & 0 & 0 \\
K^1_{21} & K^1_{22} & K^1_{23} & K^1_{24} & K^1_{25} & K^1_{26} & K^1_{27} & K^1_{28} & 0 & 0 & 0 & 0 \\
K^1_{31} & K^1_{32} & K^1_{33} & K^1_{34} & K^1_{35} & K^1_{36} & K^1_{37} & K^1_{38} & 0 & 0 & 0 & 0 \\
K^1_{41} & K^1_{42} & K^1_{43} & K^1_{44} & K^1_{45} & K^1_{46} & K^1_{47} & K^1_{48} & 0 & 0 & 0 & 0 \\
K^1_{51} & K^1_{52} & K^1_{53} & K^1_{54} & K^1_{55}+K^2_{11} & K^1_{56}+K^2_{12} & K^1_{57}+K^2_{13} & K^1_{58}+K^2_{14} & K^2_{15} & K^2_{16} & K^2_{17} & K^2_{18} \\
K^1_{61} & K^1_{62} & K^1_{63} & K^1_{64} & K^1_{65}+K^2_{21} & K^1_{66}+K^2_{22} & K^1_{67}+K^2_{23} & K^1_{68}+K^2_{24} & K^2_{25} & K^2_{26} & K^2_{27} & K^2_{28} \\
K^1_{71} & K^1_{72} & K^1_{73} & K^1_{74} & K^1_{75}+K^2_{31} & K^1_{76}+K^2_{32} & K^1_{77}+K^2_{33} & K^1_{78}+K^2_{34} & K^2_{35} & K^2_{36} & K^2_{37} & K^2_{38} \\
K^1_{81} & K^1_{82} & K^1_{83} & K^1_{84} & K^1_{85}+K^2_{41} & K^1_{86}+K^2_{42} & K^1_{87}+K^2_{43} & K^1_{88}+K^2_{44} & K^2_{45} & K^2_{46} & K^2_{47} & K^2_{48} \\
0 & 0 & 0 & 0 & K^2_{51} & K^2_{52} & K^2_{53} & K^2_{54} & K^2_{55} & K^2_{56} & K^2_{57} & K^2_{58} \\
0 & 0 & 0 & 0 & K^1_{61} & K^1_{62} & K^1_{63} & K^1_{64} & K^2_{65} & K^2_{66} & K^2_{67} & K^2_{68} \\
0 & 0 & 0 & 0 & K^1_{71} & K^1_{72} & K^1_{73} & K^1_{74} & K^2_{75} & K^2_{76} & K^2_{77} & K^2_{78} \\
0 & 0 & 0 & 0 & K^1_{81} & K^1_{82} & K^1_{83} & K^1_{84} & K^2_{85} & K^2_{86} & K^2_{87} & K^2_{88}
\end{bmatrix}
\begin{Bmatrix} u^1_1 \\ u^1_2 \\ u^2_1 \\ u^2_2 \\ u^3_1 \\ u^3_2 \\ u^4_1 \\ u^4_2 \\ u^5_1 \\ u^5_2 \\ u^6_1 \\ u^6_2 \end{Bmatrix}
=
\begin{Bmatrix} f^1_1 \\ f^1_2 \\ f^2_1 \\ f^2_2 \\ f^3_1 \\ f^3_2 \\ f^4_1 \\ f^4_2 \\ f^5_1 \\ f^5_2 \\ f^6_1 \\ f^6_2 \end{Bmatrix}
\tag{2.18}
$$

剛性マトリクスの中で0が入っているのは、どちらの要素からも寄与がなかった箇所、二つの剛性の足し算で表現されているのは、両方の要素からの寄与がある場合となります。

たった二つの要素ですが、マトリクスとしては12×12になっています。実際のモデルでは要素が二つということはありません。大きく複雑な形状で細かく要素を切っていると、かなりの要素数、節点数になります。マトリクスの大きさは非常に大きくなり、したがって解くべき連立一次方程式の数も急速に増えていきます。むやみやたらに要素数を増やすと計算負荷も増えていくことが、ここからイメージできるのではないでしょうか。

4）境界条件の適用

これで問題を解くための準備がほぼ整いましたが、実際には問題を解くための情報がまだ足りていません。何が必要なのかというと、境界条件、すなわち荷重条件と拘束条件です。要するにベースとなる式はありますが、解くべき条件がまだ与えられていないということですね。

それでは、先ほど全体剛性マトリクスを構築したばかりのモデルに、以下の**図 2.4** のように境界条件を与えてみます。ここでは、水平方向をX、垂直方向をYとしたときに、X自由度とY自由度を固定し、節点5と節点6をX方向に荷重fを与えます。なお、外力がまったくかかっていない自由度に対しては0

を定義します。釣り合いの式は以下のような式(2.19)になります。

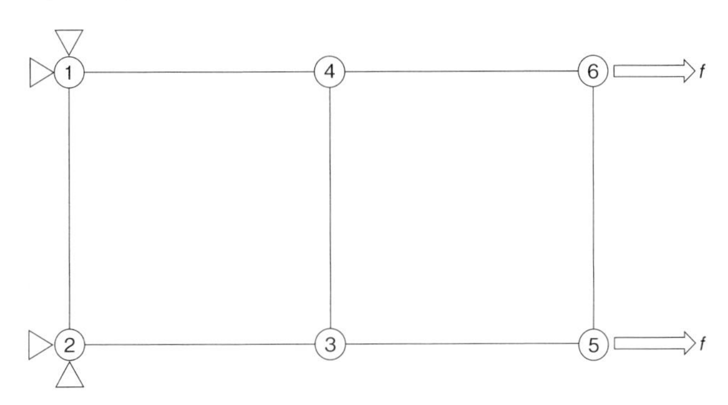

図 2.4　二つの要素モデルに境界条件を適用

$$[K]\begin{Bmatrix} 0 \\ 0 \\ 0 \\ 0 \\ u_1^3 \\ u_2^3 \\ u_1^4 \\ u_2^4 \\ u_1^5 \\ u_2^5 \\ u_1^6 \\ u_2^6 \end{Bmatrix} = \begin{Bmatrix} 0 \\ 0 \\ 0 \\ 0 \\ 0 \\ 0 \\ 0 \\ 0 \\ f \\ 0 \\ f \\ 0 \end{Bmatrix} \tag{2.19}$$

節点1、節点2の二つの自由度は拘束のために動きませんので、0が代入されています。それ以外の4つの節点は、それぞれの自由度に対して自由に動くことができますので、未知数の u が入ります。荷重ベクトルのほうは、節点5の第1自由度、節点6の第1自由度にそれぞれ f が入る以外は0になります。

この後に、変位を0とした箇所が寄与する行列を削除することによって、未知数の数と式の数が合うようになるので、連立一次方程式を解けるようになります（多くの商用ソフトでは、この処理をここで説明したようなやり方ではなくて別の形で処理することが多いのですが、ここでは割愛します）。

5）マトリクスの求解

ここまでくれば、あとは準備ができた連立一次方程式を解いて、ある荷重fに対する未知数uを求めるだけです。ただし、実際のモデルは非常に大きいため、手計算で解くわけにはいきませんから、解析プログラムを使ってコンピュータで解くことになります。このようなプログラムをマトリクスソルバーと言います。単にソルバーということもあります。狭義の意味での解析プログラムとは、このソルバーのことを意味しています。

大規模なモデルの場合には、コンピュータといえども膨大な時間がかかる場合があるので、効率よく計算ができるような様々なソルバーが用意されています。さらに並列処理をしたりGPUを使ったりする場合もありますが、ここでは本題ではないため割愛します。

6）解析結果の出力

解析プログラムは計算によって、各節点における節点変位量が求まります。ただ、私たちは変位量はもちろん知りたい情報ですが、応力やひずみといった値も知りたいわけです。それらの値も求められた変位量からプログラムが計算していきます。

変位量の次に求められるのは、ひずみです。ひずみは前述のBマトリクスを使ったひずみ・変位関係式(2.20)を使用して求めます。

$$\{\varepsilon\} = [B]\{u\} \tag{2.20}$$

ひずみが求まれば、以下の応力・ひずみ関係式(2.21)を用いて応力を求めることができます。

$$\{\sigma\} = [D]\{\varepsilon\} \tag{2.21}$$

なお、これらの要素の応力やひずみは前述のとおり、ガウスの数値積分の都合上の要素の積分点と呼ばれるサンプリングポイントで求められます。

図2.5のとおり、積分点は要素の少し内側に存在しています。この積分点の数や位置も要素の種類によって異なります。たとえば１次の三角形要素や１次

のテトラ要素では、積分点は要素中心に一つしかありません。二次要素は一次要素よりも積分点の数も多いため、同じ形、同じ大きさの要素であったとしても、より細かく応力やひずみの分布を得ることができます。

二次要素は節点の数が増えることで自由度が増え、計算負荷が増えるデメリットはあります。しかし、その一方で比較的粗いメッシュであっても、高い解像度で応力を得ることが可能です。

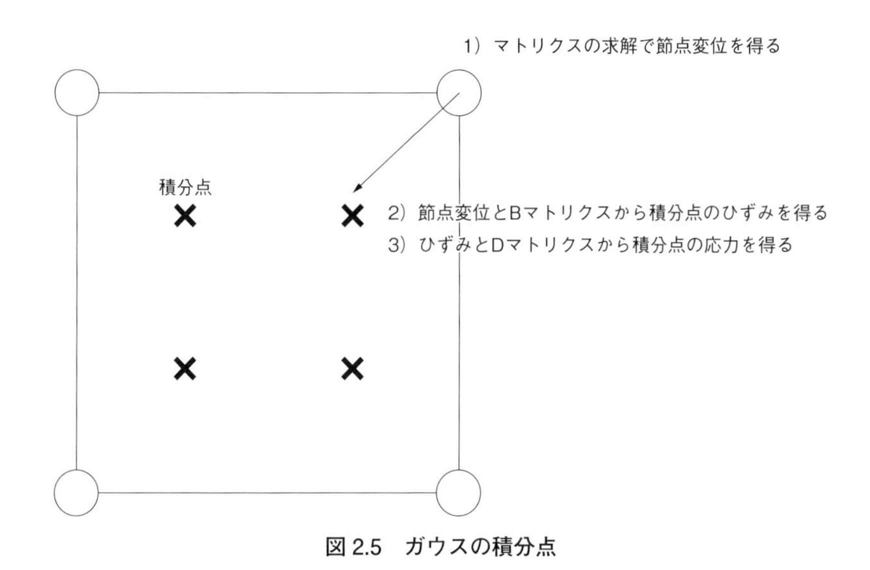

図 2.5　ガウスの積分点

ざっくりとですが、ここまで解析プログラムがどのように計算プロセスを走らせているのかを示しました。この流れを知らないと解析ができないというわけではありません。しかし、背景にある情報を知り解析モデルの設定の際にやったほうがよいことの根拠を理解しておくことで、より効率的な解析につながる可能性があります。

ここで説明したことは、かなりざっくりと端折っていますので、より詳しく厳密に知りたいという方は、有限要素法の専門書をご確認ください。

2.2 解析のための要素はどのように選択したらよいのか

解析ソフトを使用し始めたときの悩みどころは、要素の作成についてではないでしょうか。しかし、要素選択のための基礎知識がなければ作成も何もありませんね。ここではまず、要素にはどのような種類があるのかを理解した上で、どんな判断基準があるのかについて見ていきたいと思います。

1）要素の種類を知る

前述したとおり、要素には多種多様なものがあり、解析のエキスパートが使用するようなソフトでは、200種類を超える要素タイプがあります（もちろん、それらすべてが強度解析用というわけではありません）。

本書では、専門的な観点からの要素の種類を語るのではなく、主に見た目から説明していこうと思います。使用頻度が多いものとしては以下の**図2.6、2.7**に示したものになります。

この中でも特に使用頻度が多いのが、3次元の解析であれば二次四面体要素と呼ばれるソリッド要素になると思います。最近は、3DCADで作成した3次元

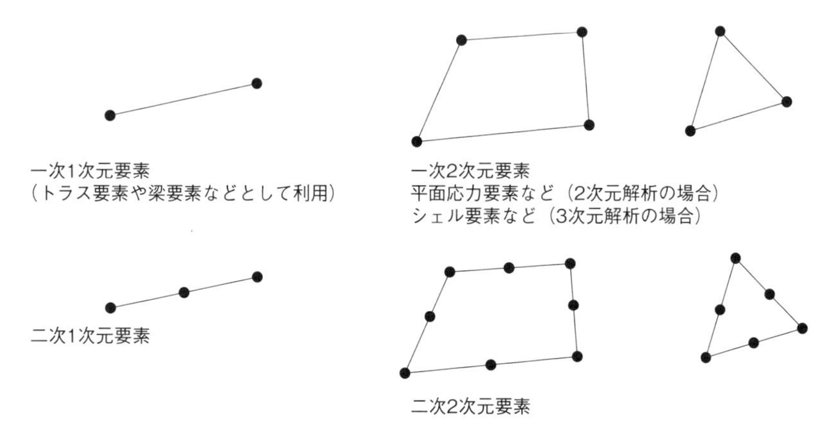

図2.6　様々な要素（1次元要素、2次元要素）

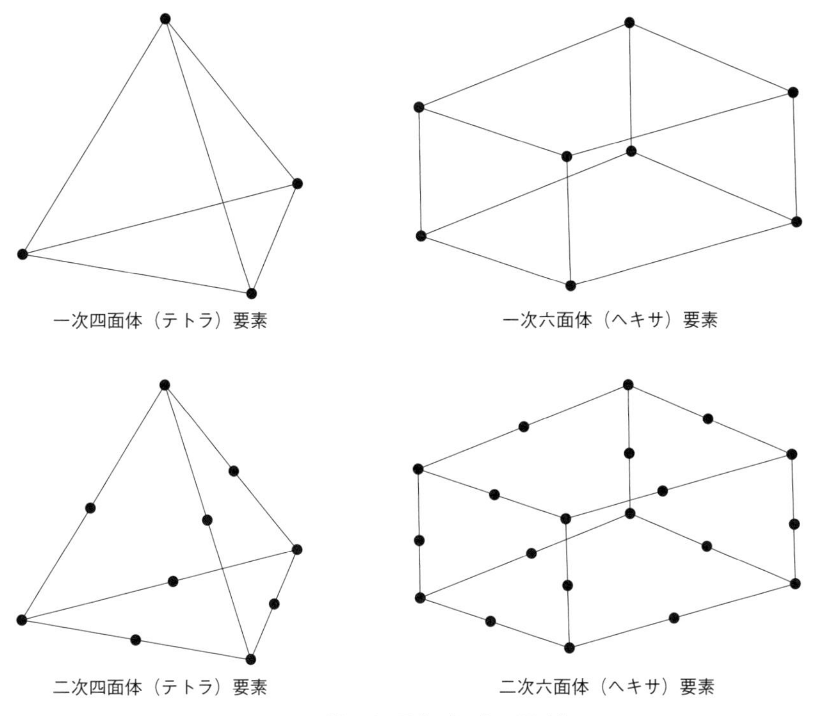

図 2.7　様々な要素（3 次元要素）

のジオメトリを元にして3次元の要素を作成することが多いため、テトラ要素かヘキサ要素の使用が増えています。そのうちオートメッシャーで手間なく作成できるものとしてはテトラ要素一択になり、さらに一次要素は曲げ挙動の精度や応力などの結果の精度がよくないため、ほとんどの設計者CAEのオートメッシャーでは二次のテトラ要素を作成することになるのです。

四辺形要素などを二次元解析で使用することは多いのですが、二次元の解析に対応していない設計者CAEも多いため、四辺形要素の多くは3次元の解析においてシェル要素と呼ばれる薄板状の要素として用いられています。線状の一次元要素は、3次元の解析において梁やトラスとして用いるケースがほとんどですが、ソフトによって対応している場合としていない場合があります。

解析専用ソフトであれば、一般的に知られている様々な種類の要素に対応しています。解析専用ソフトと一緒に使用する解析設定を行うためのソフト（プリプロセッサー）も、各種要素に対応しています。

しかし、CADから起動する設計者CAEの場合には、そもそもソルバーがどのような要素に対応しているのかという問題もありますが、解析情報を設定するユーザーインターフェースが用意しているものに依存します。たとえば、2023年10月時点では、オートデスク社のInventor Nastranは、ソリッド要素だけでなく、シェル要素や梁要素といった2次元要素、1次元要素の利用も可能ですが、同じソルバーを使用しているFusion 360の解析機能ではシェル要素と梁要素は対応していません。それは、ユーザーインターフェースが対応していないからです。そのため、自分が使用しているソフトがどれに対応しているのかという範囲内での話になりますが、参考になる情報を示していきます。

2）要素選択の判断基準１：３次元で解析をするのか、２次元で解析をするのか

3D CADで設計をする場合は、そもそも解析も3次元で行うのが普通だと考えるのではないでしょうか。しかし、後述のとおり、ある条件にあてはまる場合には2次元での解析が可能であり、解析にかかる負荷を大きく減らせます。

2次元か3次元かについては、二つのステップで判断できます。一つ目は、自分が使用する解析ソフトが2次元での解析に対応しているのかです。たとえば、SOLIDWORKS Simulationのように、明確に2次元として解析を行えるのであれば問題ありません。Inventor Nastranの場合には2次元の要素が用意されていませんが、3次元のシェルエレメントを使って平面応力や平面ひずみの挙動をさせることは可能です。ただ、Fusion 360のようにそもそも2次元解析ができない場合は該当しませんので、次の判断基準2に進みます。

ソフトウェアが３次元解析と２次元解析の両方が可能な場合

SOLIDWORKS Simulationのように、元が3Dのジオメトリである場合でも、

2次元として解析できるものがあります。一般に、3DCADを入口にしてCAEを始めた場合、2次元での解析に馴染みのない方が多いのですが、解析モデルによっては2次元を使用したほうが明らかに効率的な場合があります。3次元モデルでも、2次元で解析ができる条件は、以下のようなものがあります。

①平面応力条件

薄い板のような形状であり、荷重がかかる方向や変位はすべての面内の方向で、面外への変形や面外からの荷重はない場合です。このような場合には「平面応力要素」が使えます。この要素を用いる場合には、面外方向の応力はゼロであるという想定をします。

②平面ひずみ条件

金太郎飴や伊達巻のようなイメージで、同じ断面が長く続くようなモデルが相当します。たとえば川岸に続く堤防や、ダムの壁、あるいは自動車のドアの周辺に貼り巡らされているゴムシールなどです。どれも長いものですが、基本的にはどこで切っても断面は同じ形をしています。この場合でも荷重の方向は断面の面内方向であって、面外方向への載荷や変形はありません。このような場合には「平面ひずみ要素」を用います。この要素を使用する場合には、面外方向へのひずみがゼロであるという想定をします。

③軸対称条件

円筒形のように、ある軸回りに一定の断面が一周してできたような形状で、荷重や変形も軸対称を想定するような場合です。このような場合には「軸対称要素」を用いることが可能です。

3次元で解析を行うよりも2次元で行うほうが計算負荷が圧倒的に少なく、特に大規模なモデルであればあるほど、計算コストも少なくて済むようになります。また、第9章で説明するような非線形解析においても、2次元のほうが計算が早く、かつ収束性が高い場合もあります。挙動を手早く安定して確認したいときには、2次元解析は今でも有効なツールなのです。

上記の条件に当てはまらない形状や荷重条件であれば、3次元の要素で解析をする必要があります。とは言っても、3次元は3次元でまたいくつか要素の種類が存在します。要素の選択肢がなければ迷うこともありませんが、設計者CAEにおいても部品の形状に応じた選択肢を選べる場合があります。

3）要素選択の判断基準2：3次元要素の判断基準

ここでも、そもそもテトラ要素のようなソリッド要素のみしか使用することのできないソフト（たとえばFusion 360のシミュレーション機能）などの場合にはあてはまらないため、まっすぐ判断基準3に進みます。

シェル要素が使用できる場合

実際の製品設計の中でよく登場する形状として、薄板ものがあります。板金などに限らず、家電製品をはじめとする樹脂ものの筐体なども含まれます。これらの形状を解析する場合にもっとも問題になるのは、適切な形状で要素を作ろうとすると異常なほど要素数が増え解析が重たくなってしまい、ある程度要素数を抑えようとすると要素のアスペクト比が大きくなってしまうことです。

アスペクト比とは、簡単に言えば縦横比です（**図2.8**）。2次元で考えてみると、正方形や正三角形のように縦横比が等しい場合には1になり、一辺が長く

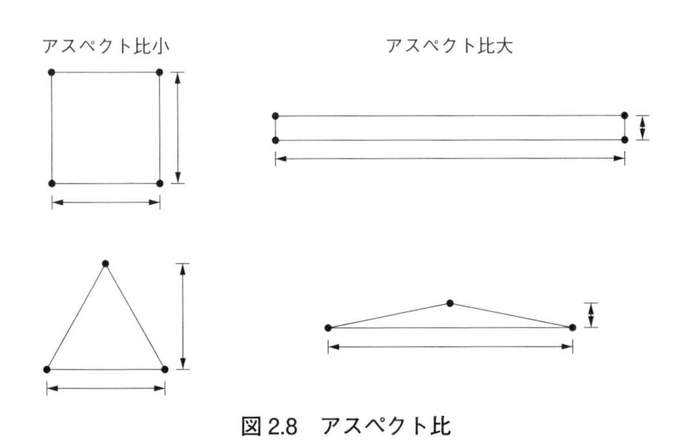

図2.8　アスペクト比

隣り合う辺が短いなどのつぶれた形状になるとアスペクト比が大きくなります。アスペクト比が大きくなると一般に近似精度が落ちてしまうので、アスペクト比をできるだけ1に近い数値にすることが推奨されます。薄肉形状を考えたとき、面のサイズを基準にメッシュを作成すると、厚み方向の大きさが小さくなって非常につぶれた四面体になってしまいます。しかし、厚みを基準に正四面体に近い形を生成すると、やたらと小さな四面体がたくさん生成されます。

もちろん、シェル要素が使用できない場合には仕方がないので、ソリッド要素でいい塩梅でアスペクト比と要素数の間で妥協を図らないといけないのですが、シェル要素が使えると解析の精度を維持しつつ、要素数や節点数を抑えて解析モデルを作成できるのです。**図 2.9** のモデルは比較的大きな差がでにくい形状ですが、それでもソリッド要素（**図 2.10**）とシェル要素（**図 2.11**）を比べてみると、要素数で6倍近く、節点数で3.6倍もの差があることがわかります。単品での計算であればそれほどの差にはなりませんが、アセンブリなどの大規模モデルになると大きな差が出てくることになります。薄板ものを扱う場合は、ぜひシェル要素の活用を検討してみてください。

図 2.9　元の 3D ジオメトリ

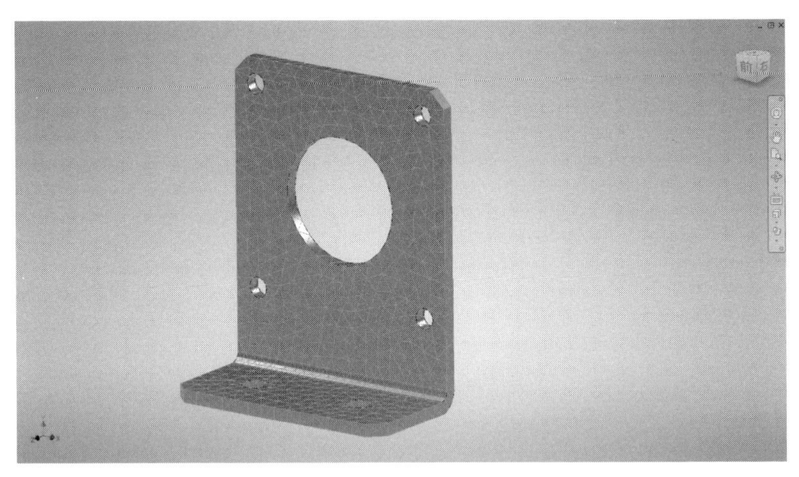

図2.10　ソリッド要素でメッシュを作成した場合（5838節点、2704要素）

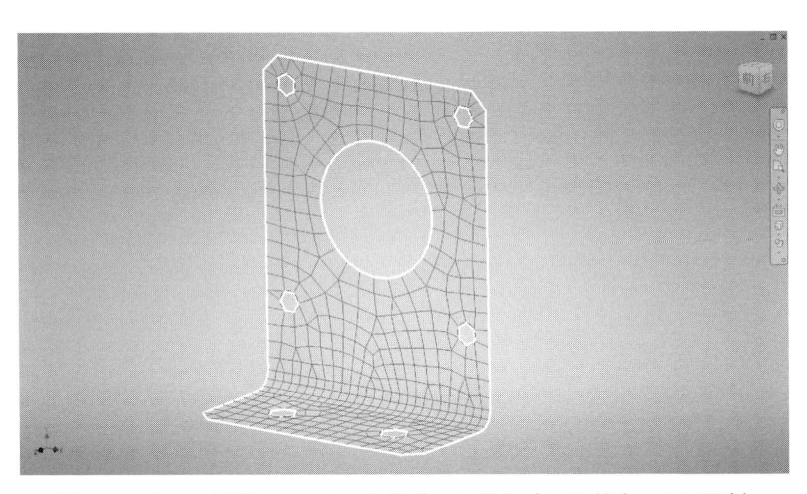

図2.11　シェル要素でメッシュを作成した場合（1583節点、483要素）

ビーム要素（梁要素）が使用できる場合

フレームなどのような細長い構造部材を解析したい要望も少なからずあると思います。このような部材を解析するときに役に立つのが、梁要素という１次元要素です。３次元の挙動を表現できる要素ですが、見た目は一本の線でしかありません（ソフトによっては拡張表示をする場合もあります）。ただ、要素のプロパティとして断面を持ち合わせているので、要素の見た目にも関わらず挙動を表現できるのです。ただし、要素としては部品形状そのものを表現しているわけではありませんので、その部品上の細かいフィーチャーに影響される局所的な応力分布などを確認することはできません。そのような場合には、ソリッド要素で解析をする必要があります。

また、SOLIDWORKS Simulation にせよ、Inventor Nastran にせよ、ビーム要素を使うには、その部品の作り方に条件があります。SOLIDWORKS であれば溶接タブから鋼材レイアウトとして部品を作成することになりますし、Inventor であればフレームジェネレータなどを使ってフレームとして部品を作成する必要があります。通常のパーツモデリングで作成した場合にはビームとして扱うことができません（**図 2.12、2.13**）。Inventor Nastran の場合には、3D のジオメトリなしに、スケッチの線に対して断面プロパティを与えてビームと定義することもできますが、いずれにしても通常のソリッドモデリングで作成した形状をビームとして扱うことはできません。そのため、使う前にあらかじめ解析のことをよく考えてからでないと使いにくい要素かもしれません。

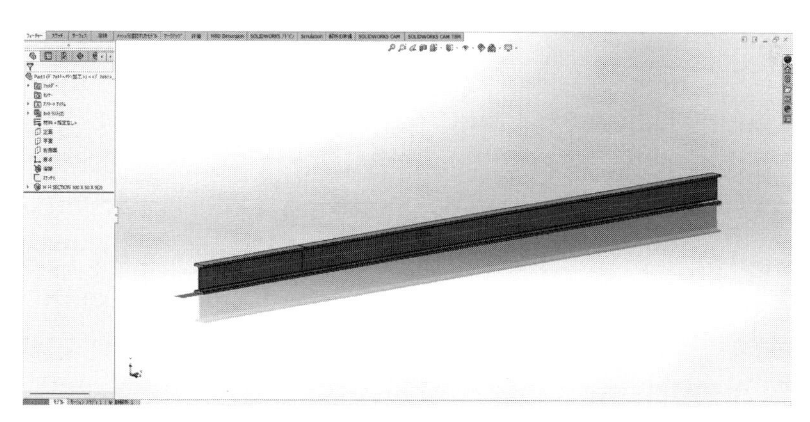

図 2.12　SOLIDWORKS の鋼材レイアウトで作成した形状

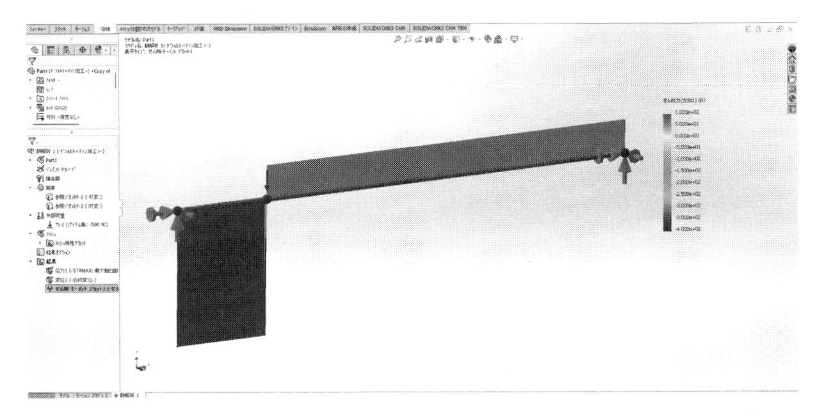

図 2.13　SOLIDWORKS Simulation で上記をビームで計算し、せん断のダイアグラムを表示した例

4）要素選択の判断基準３：四面体か六面体か

多くの設計者 CAE の場合には、あまりこの悩みには遭遇しないと思います。というのも、一般に CAD に付属する CAE のユーザーインターフェースではマニュアルでメッシュを編集することはほぼなくオートメッシュで作成します。そのオプションとしてヘキサメッシュがあることはあまりないからです。基本的にテトラ要素のみになるので、この件で悩むことは少ないと思います。

ただし、四面体（**図 2.14**）か六面体（**図 2.15**）かの選択肢がある場合もあると思います。正解があるわけではないですが、六面体にする手間がそれほどかからないのであれば、六面体にするのが最初の選択肢かもしれません。

一次の四面体と六面体を比較したとき、四面体は基本的に曲げなどの挙動が非常に硬く、変位量なども非常に小さく求められがちであり、応力などの精度もよくありません。適正な変位量や応力分布を一次の四面体要素で求めるには、要素をかなり細かくする必要があります。それに対して六面体要素は、挙動も十分に柔らかく、よほどメッシュが粗くない限りは挙動も柔らかく、応力の分布も妥当なものが求められるからです。つまり一次要素でありながら、解の精度とメッシュの細かさのバランスがよいのです。その一方でヘキサメッシュを

図 2.14 テトラ要素（四面体要素）でメッシュを生成

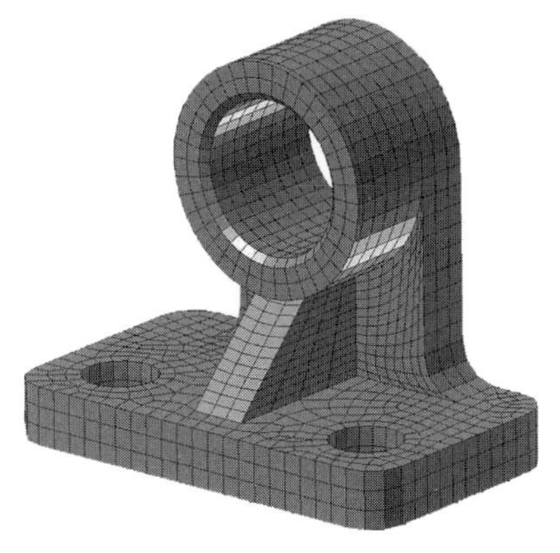

図 2.15 ヘキサ要素（六面体要素）でメッシュを生成

作成するのは、テトラメッシュのように完全に自動にはいきません。非常に複雑な形状をした部品の場合には、2次のテトラ要素の一択になります。

5）要素選択の判断基準 4：一次要素か二次要素か

これについてはある程度明確な答えがあります。四辺形要素（2次元）や六面体要素（3次元）を使用している場合、要素を十分に細かく切っている前提ですが、一次要素で問題がないでしょう（**図 2.16**）。しかし、三角形要素（2次元）や四面体要素（3次元）を使用しているのであれば、二次要素一択と考えてよいでしょう（**図 2.17**）。

前節でも述べましたが、一次の三角形要素や四面体要素は挙動が非常に硬く、よほどメッシュを細かくしない限り、たとえばたわみなども理論値と比較すれば、かなり小さなたわみ量になってしまいます。また、それに加えて応力やひずみといった要素値の精度が非常に悪いのです。そのため、何か明確な理由がない限りは、三角形や四面体の一次要素の使用は推奨されません。

多くの設計者 CAE の自動メッシュ設定もデフォルトは、二次要素になっているはずなので、何か理由がない限りは、そのままにしておきましょう。特に SOLIDWORKS Simulation や Inventor Nastran、Fusion 360 ではそもそも節点を

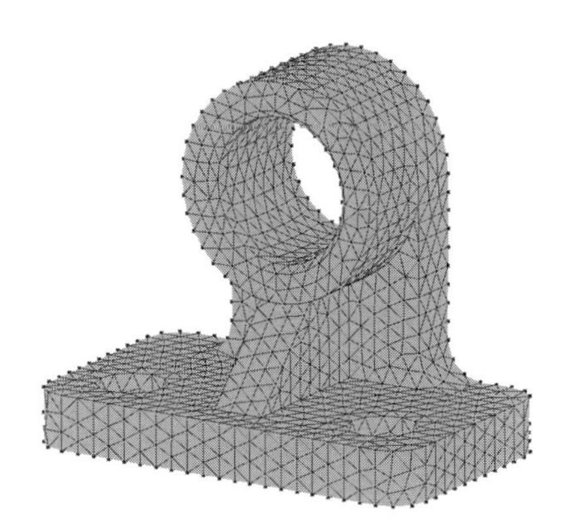

図 2.16　一次要素でメッシュを切った例（要素の頂点のみに節点が存在する）

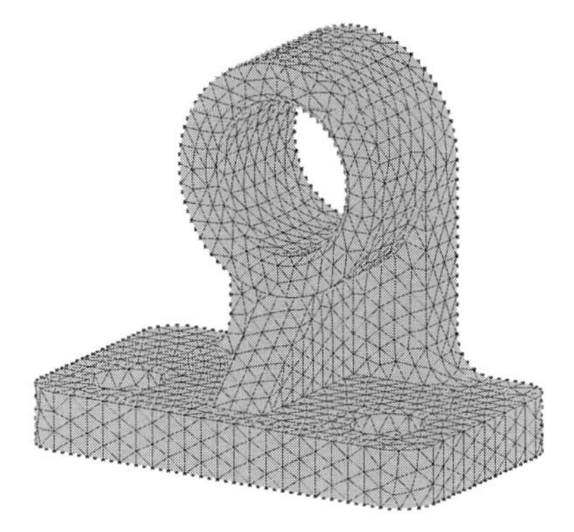

図 2.17　二次要素でメッシュを切った例（要素のエッジ上に中間節点が存在する）

表示しておらず、一目見ただけでは要素が一次か二次かわかりにくいので、要素の設定のところが必ず二次になっているかどうかを確認しておきましょう。

第3章

基本的な用語を理解して解析してみよう

解析に慣れていない場合、普段使わない用語に戸惑うことも少なくないでしょう。また、言葉を知っていたとしても、意味を誤解して使用している場合も見受けられます。ここでは復習をかねて、機械工学を学んだことがない人にもわかるように説明をしていきたいと思います。

3.1　とりあえず、何も言わずに片持ち梁の解析をして結果を見てみよう

ここでは、とにもかくにもシミュレーションを一回行ってみて、その結果を解釈するところから始めます。できる限り単純な解析モデルとして、**図 3.1** のような片持ち梁を用意して、その先端に力をかけてみます。

実際にこのような角棒に 50 kg の荷重をかけてみたら、どのくらい先端がたわむのか、あるいはこの棒は途中で折れたりしないのかを確認してみたいと思います。ところで、少しでも解析をした方であれば、この図の長さや力の単位に違和感を覚えるのではないかと思いますが、単位については後ほど説明いたします。

さて、実際に得られた結果は**図 3.2、3.3** のとおりです。確認できる解析結果

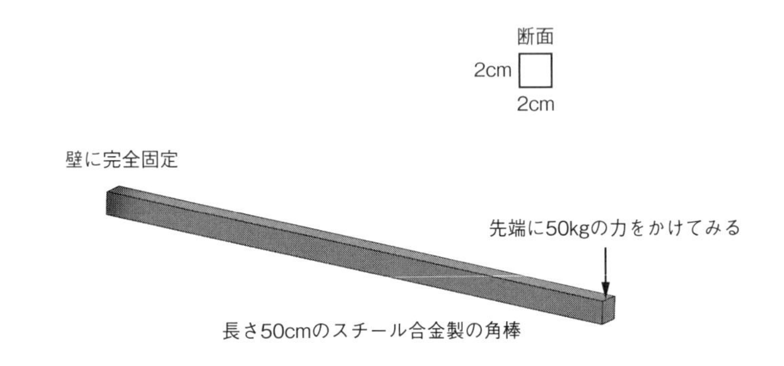

図 3.1　片持ち梁の解析モデル

は他にもありますが、図 3.2、3.3 の 2 つが代表的なものなので、この 2 つを中心に見ていきます。

さて、どちらも先端が荷重をかけた方向に曲がっていることがわかりますから、想定どおりといえます。さらに図 3.3 については、変位量が先端に最大値が出ていて、数値が 7.464 mm となっているので、どうも先端が約 7.5 mm、図の下方向に動いているようだと見てとれます。では、図 3.2 はどうでしょうか。変位とは逆に梁の付け根付近に高い値が出ていて、その数値が 186.695 MPa と表示されています。これは一体何を表していて、どのように解釈したらよいのでしょうか。

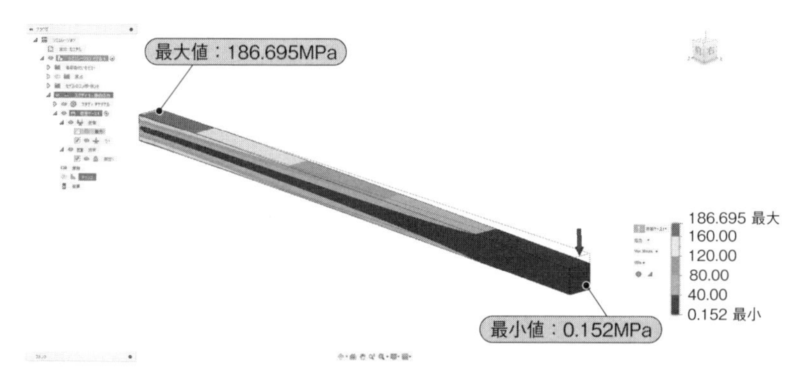

図 3.2　解析結果（応力）

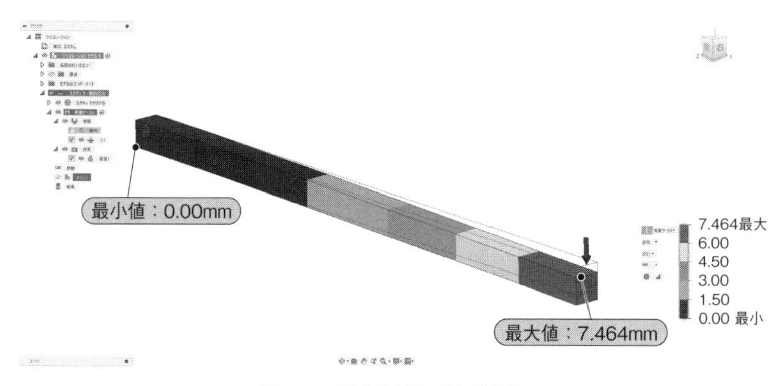

図 3.3　解析結果（変位量）

もし、あなたが、「この部品は、所定の機能を果たすことができるのですか？」と問われたとして、この解析結果を元に「大丈夫です」、あるいは「変更が必要です」と根拠を持って答えることができるでしょうか？　それについては、ここから話をしていきますが、その前に、まずは結果として表示されているものの意味がわかるようにしていきます。

3.2　解析とは何をするのか、何がわかるのか

そもそも、解析とはなんでしょうか。「解析」という言葉にはその用途に応じて様々な意味合いがありますが、今回のトピックである構造解析においては、「シミュレーション」、つまり実際の物体の挙動を、仮想的な環境で実現することを指し示していることにします。そのようなシミュレーションは、一体なんの役に立つのでしょうか。

解析をすごく簡単に言えば「モノがどのくらい変形してしまうのか、そしてそのモノが壊れないかどうか」を、実物を作る前に知ることができる、ということです。詳しい人にとっては厳密さを欠く定義かもしれませんが、本書ではそのような定義で話を進めていきます。

さて、解析を行う上で最初に決めるべきことがあります。それは「何を知りたいのかをはっきりさせる」ことです。それによって、適切な解析モデルが決まります。構造解析で知りたいのは、通常変形量とともにその物体は十分な強度を持っているのかです。場合によってはそれ以外の情報を知りたいこともありますし、大規模なモデルの場合には全体の挙動を知りたいのか、局所的な挙動を知りたいのか、精密な結果が欲しいのか、それともアバウトでよいので傾向値を見たいのかなど、様々な条件があります。その条件に応じて、適切な解析モデルは変わってきます。解析に限りませんが、何か行動を起こす前に「ゴール」を明確にしておくことは非常に重要なことです。

このように言うと難しく聞こえますが、ざっくり以下のようなことでも構いません。たとえば、「自分が設計した台に自分が3人同時に勢いよくジャンプし

て飛び乗ったときに、その台は壊れずにいるのかを知りたい」でも、とりあえずは構いません。もちろん、現実の解析ではもっと厳密に知りたいことを考えますが、ある条件下において起きる現象の中でも特にどんなことを知りたいのかを明確にするのは重要です。

3.3　物理現象を解析の言葉に置き換えてみよう

ではここから、実際に起きることやそこで確認したいことを解析の言葉に置き換えていったらどうなるのかを考えてみたいと思います。先ほどの片持ち梁を例にとれば、まずは**図 3.4** のように、起きる現象とそれに対するゴールを示すことができます。やりたいことはだいぶはっきりしていますが、このままでは解析ソフトにデータを持っていくのが大変なので、**図 3.5** のように解析で使用する言葉に置き換えてみます。

図 3.5 をあえて言葉で説明すると「ある材料」でできた細長い棒の左端が壁に完全に拘束されていて、右端には上方向からある大きさの「荷重」がかかります。すると先端が下方向に曲がるように変形するはずですが、そのときの「応力」または「安全率」、あるいは「変位量」を知りたいということです。これらの数値をもとにして、この片持ち梁は壊れないで機能を果たすことができるのかを確認します。

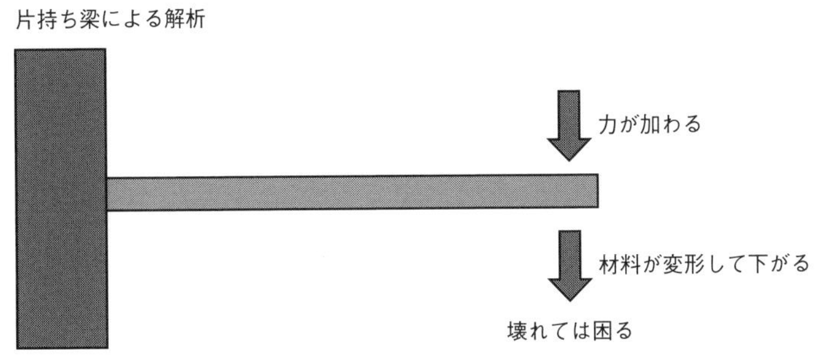

図 3.4　片持ち梁の解析の現象とゴールを言葉で表現

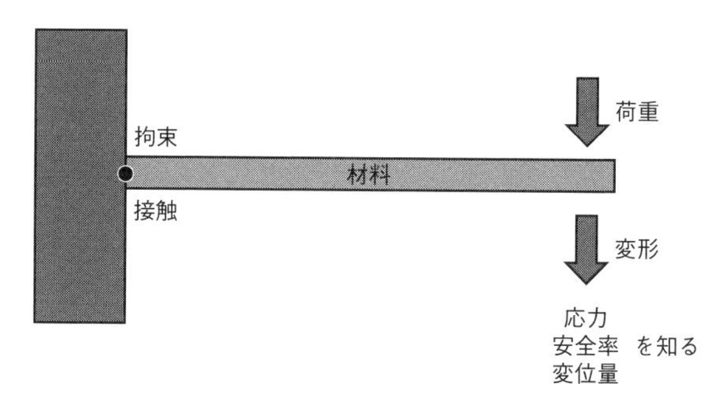

図 3.5　片持ち梁の解析を解析の言葉で表現

どうでしょうか。実はこの文章の中には、解析で必要とされるパラメータや結果量がすべて含まれているのです。ただ、文章としてはなんとなくわかった気になっても、やっぱり少しむずかしい……特にそれぞれの単語が意味するところがよくわからない、という方もいらっしゃるでしょう。あるいはわかったつもりだが、正確に理解しているか自信がないという人もいるかも知れません。

そこで、ここから解析用入力ファイルの設定や、結果の解釈に必要な用語について説明していきます。

3.4　解析で理解しておくとよい用語

本章で理解していただきたい用語は以下のものになります。結果を正しく解釈するには、まずはこちらの用語をきちんと把握しておきましょう。解析の導入トレーニングをする際に、機械工学系のバックグラウンドをお持ちの方であれば、あまり問題にはならないのですが、そうでない場合には、「力」、「応力」、「モーメント」などの言葉がごちゃまぜになってしまって、なかなか理解できない場合もあります。ここではあえて基本的なところから説明を進めていきます。解析データの設定にはもう少し他の用語を知っていただく必要があるのですが、それはまた次章以降で説明します。

1）荷重（力、圧力、重力など）

まずは「荷重」からお話を始めましょう。荷重とは、物体に外部から作用する「外力」であり、荷重があってはじめて物体は変形をするわけです。つまり荷重がなくてはお話が始まりません。

一口に荷重と言っても様々なものがあります。解析ソフトで設定をする上でも知っておく必要がありますので、それらについて説明します。

図3.6に、様々な力を示しました。熱を除いて、「力」全般に言えるのは、「大きさ」と「向き」があるということです。たとえば、「下向きに10キロ」の力をかけるなどと言いますが、このように大きさと向きを持つものを「ベクトル」とも呼びます。ちなみに温度などのように大きさのみの量を「スカラー」と呼びます。

「荷重」は自分が挙動を見たいと思うものに対して、何らかの変化を与えるものなので、荷重なくしてシミュレーションはありえませんし、荷重の与え方一つで挙動は変わりますから非常に重要です。

一番基本的な「力」では、たとえば「棒」を引っ張ったり、あるいは圧縮したりという形で作用します。しかし、世の中に存在する荷重は単純な引張りと圧縮だけではありません。同じ棒を曲げるような力も存在します。実際、同じ

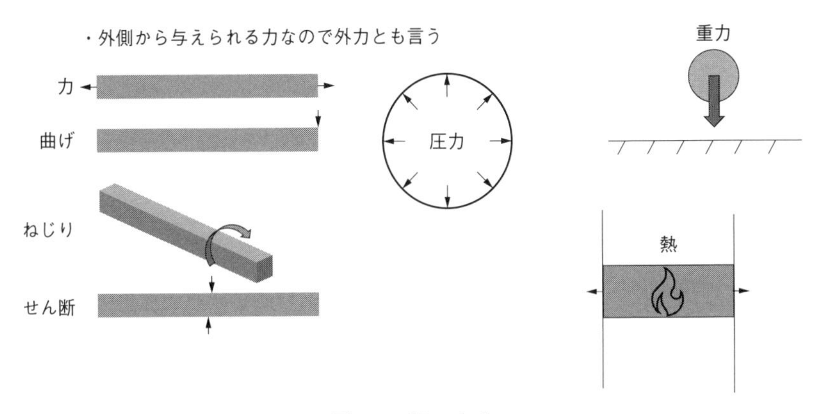

図3.6　様々な力

物体でも力のかかり方によって、壊れやすさが変わります。たとえば、割り箸を考えてみたとき、割り箸を引っ張ってちぎるのは容易ではありません。しかし、両端を手で掴んで曲げるように折るのは容易です。

材料をたくさん使って物体を強くするのは簡単ですが、そんなことをすれば、その部品は重たく高価になってしまいます。そのため、世の中の製品は想定する荷重に対して、できるかぎり強く、かつ軽くすることが重要なのです。

2）反力

次に説明したいのが「反力」です。少し荷重よりイメージしにくいかもしれません。簡単に言えば、反力とはある物体に荷重をかけた際に、逆方向に同じ量で働く力ということになります。当然ながら、荷重がかかっていなければ、反力も発生しません。逆に力がある物体にかかっていれば、同じ大きさで逆向きの力が反力として必ず発生しています。なぜ反力が発生するのかというと、反力がなければ「力のつりあい」もないからです。たとえば**図 3.7** のように床の上に置かれたテーブルと、さらにその上に置かれたボーリングのボールを考えてみましょう。

ボールは重力によって、その重さでテーブルを押しているわけですが、テーブルもまたボールを上方向に押し上げています。すると、テーブルとボールはその重さ分の力で床を押しているわけですが、テーブルがその場所でじっとしているところを見ると、床もまたテーブルとボールの重さの合計分の力で上方向に押し返していると考えられます。だからこそ、すべての物体はどこにいてもその場所に居続けられるわけです。

別の例を示しましょう。**図 3.8** のように左先端が壁に固定された棒の右先端を右方向に引っ張ります。棒は固定されているので動きません。それ自体は納得できますが、力の釣り合いの観点からはどうなるのでしょうか。あなたが、たとえば 10 kg の力で右に引っ張っているとしたら、もし棒が固定されていなければ、棒はあなたとともに右方向に勢いよく飛んでいってしまうはずです。そうはならないのは、壁が棒を左方向に 10 kg で引っ張っているから、と考え

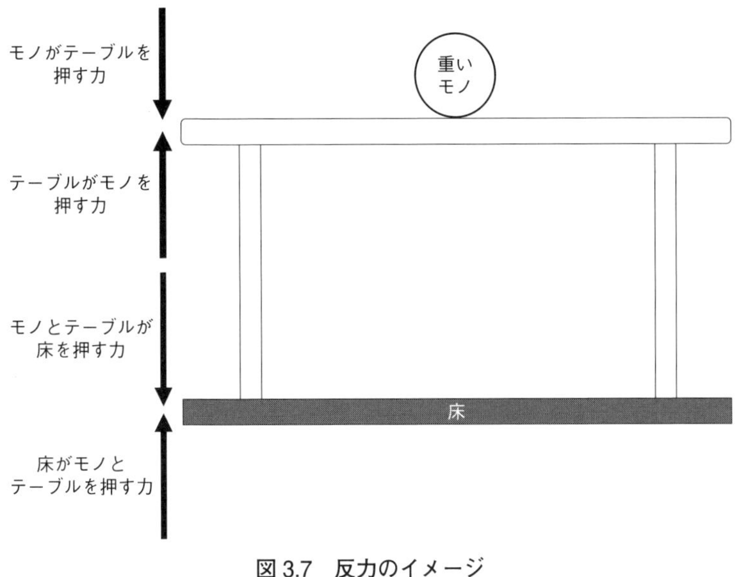

図 3.7　反力のイメージ

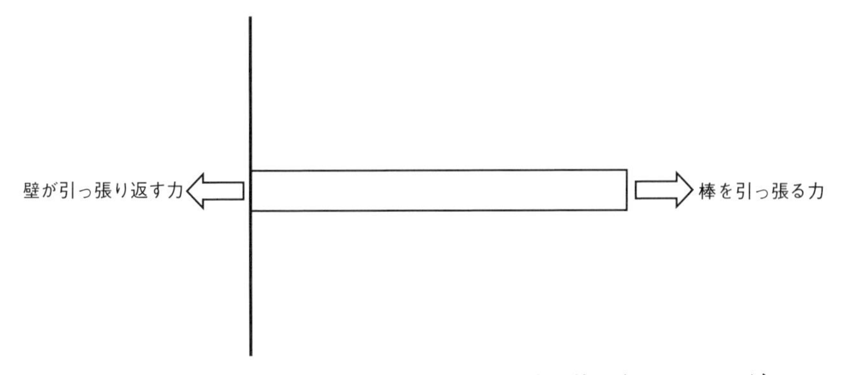

図 3.8　棒を引っ張ったときの壁に発生する反力と釣り合いのイメージ

られます。この力が反力になります。

3）内力

さて、ここから先、力は N でお話をしたいと思います。10 kg に重力加速度をかけてやると、約 98 N になりますが、ここではきりよく 100 N として扱っていきたいと思います。繰り返すと、**図3.9**のようにあなたが棒を右方向に100 N（F_1）で引っ張ると、壁は棒を左方向に100 N（F_2）の反力で引っ張り返すということですね。

さて、実際の棒はこのように力が加わると大なり小なり伸び縮みします。このとき、物体の内部にもなんらかの力が発生していると考えられます。このように、荷重（外力）が加わったときに物体内部に発生する力を内力と言います。この内力はどのように求められるのでしょうか？

仮に、この棒を仮想的に真ん中で切ってしまうとしましょう（**図3.10**）。単に切っただけだと、左右に分かれた棒は勢いよく正反対の方向に飛んでいってしまいますが、これは実際とは異なります（**図3.11**）。

そこで、**図3.12**のように切ったときの仮想断面にも力が働くとします。F_1に対応する仮想断面にはN_1、F_2に対応する仮想断面にはN_2が働くとします。このとき、力は釣り合っているので、$F_1 = F_2 = N_1 = N_2$となります。このときのN_1とN_2が内力になります。

4）応力

さらに進んで「応力」についてお話をします。応力は強度解析において、まさに強度を測るための数値そのものとも言える重要な数値なので、しっかりと

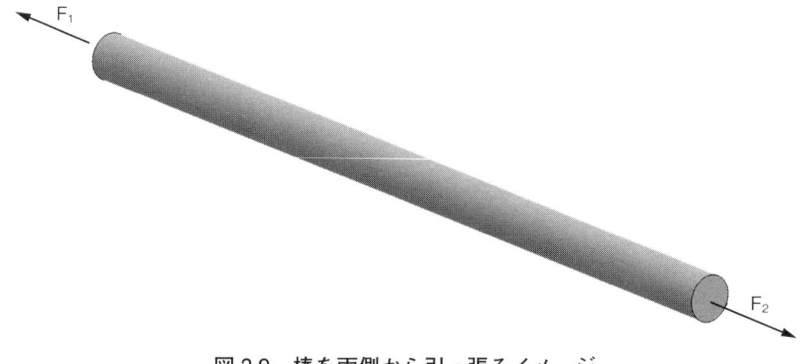

図3.9　棒を両側から引っ張るイメージ

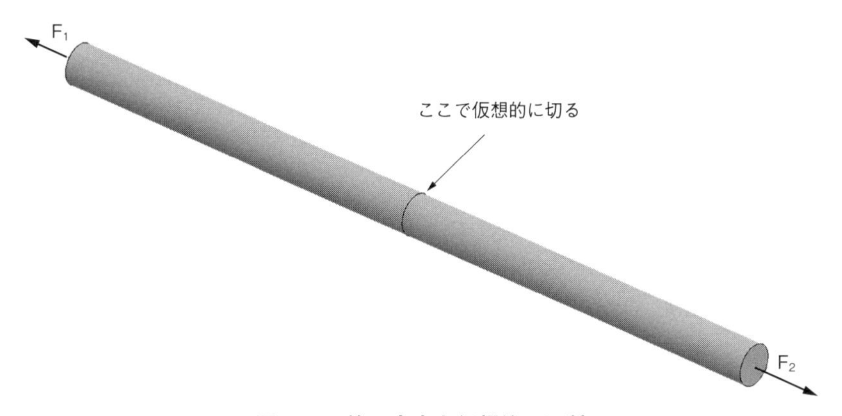

図 3.10　棒の中央を仮想的に切断

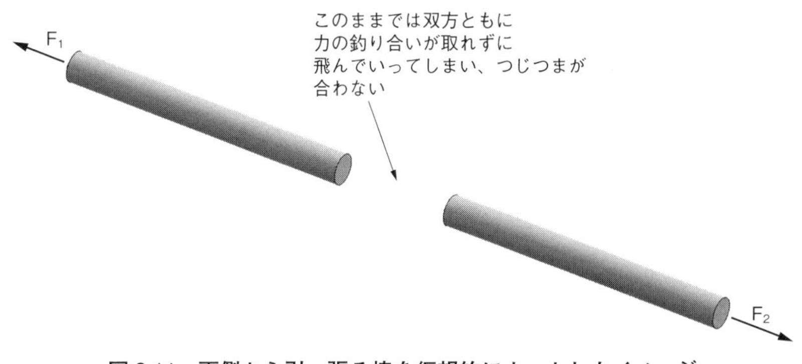

図 3.11　両側から引っ張る棒を仮想的にカットしたイメージ

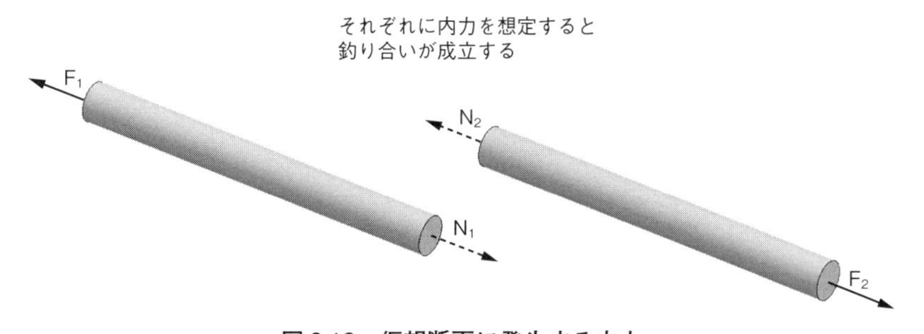

図 3.12　仮想断面に発生する内力

おさえていきましょう。

先程の内力は物体の内部に働いている力なので、この値で強度を測ればよいように思えます。しかし、内力という「力」では、物体の強度を測るには少々都合が悪いのです。たとえば、全く同じ材料の棒で片方の断面積は 1 mm^2、もう片方が 100 mm^2 だったとします。両方に等しく 100 N の引張荷重をかけたときに、前者は破断して、後者はなんの問題もなかったとします。容易に想像できる状況ですが、なぜ同じ材料なのに断面積の違いで破断する、しないの違いが出てくるのでしょうか。力だけで強度を測ろうとすると、形状が異なるときに少々都合が悪いのです。

そこで、「圧力」を考えます。圧力とは「単位面積あたりの力」です（**図3.13**）。たとえばSI単位系（後述）であれば、単位面積は m^2 になります。1 N の荷重が、1 m^2 の面積のところに載荷されれば、そのときの圧力は 1 N/m^2 となります。ちなみに、N/m^2 には Pa（パスカル）という単位が与えられています。この考え方の何がよいのかというと、形状に関わらず強度を測れることです。

さきほどの棒に戻ります。前者の棒には 100 N が 1 mm^2 の面積に載荷されているので、外力としては 100 N/mm^2 になります。ちなみに、これは 100 MPa（メガパスカル）になります。後者のほうは 100 N が 100 mm^2 の断面積に載荷されるので、外力は 1 MPa になります。すなわち、力としての外力が同じでも、

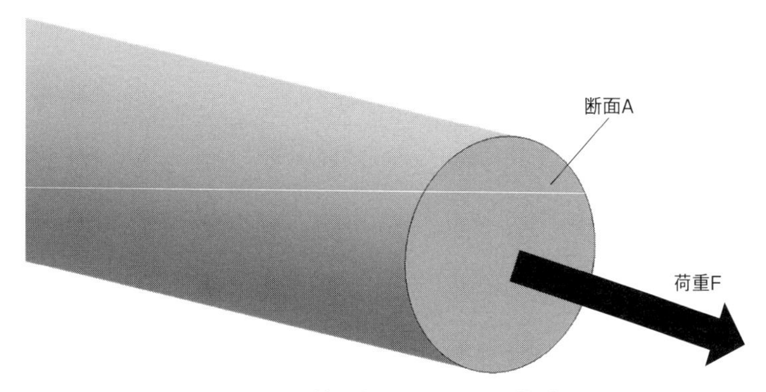

図 3.13　断面とそこにかかる荷重

単位面積あたりの力は後者が1/100しかかかっていないということになります。

内力でも同じ関係が成立します。同じように内力を面積で割った値が単位面積あたりの内力であり、これが「応力」です。先ほどの解析の結果、プロットで表示されている値というのは、この数値のことなのです。

今回のような単純な一軸の問題の場合には、応力は以下の式(3.1)のように計算をすることができます。

$$\sigma = \frac{F(\text{荷重})}{A(\text{断面積})} \tag{3.1}$$

ただ実際の応力は以下のようにもう少し複雑です。

5）フォンミーゼス応力

実際の物体の応力はここまで説明してきたほどシンプルではありません。応力も引っ張りや圧縮のような垂直応力だけではなく、せん断と呼ばれる物体を断ち切るような応力もあります。そして、それが3次元の場合には、**図3.14**のようになります。ここで、σが垂直応力成分、τがせん断応力成分です。これらの応力は式(3.2)のようにテンソルの形式で表現され、解析ソフト上でも各テンソルの値の確認が可能です。

$$[\sigma] = \begin{bmatrix} \sigma_{xx} & \tau_{xy} & \tau_{xz} \\ \tau_{\mathrm{yx}} & \sigma_{yy} & \tau_{yz} \\ \tau_{\mathrm{zx}} & \tau_{zy} & \sigma_{zz} \end{bmatrix} \tag{3.2}$$

このように実際の解析における計算では、3次元では上記の9つの成分があるのですが、このままでは解析結果の評価は難しいのではないでしょうか。たとえば、合金鋼の降伏応力は実験から求められていますが、それは単軸の引っ張り試験の結果であって、数値としては一つしかありません。では、解析の結果としてはどの応力を評価すればよいのでしょうか。

金属が永久変形を起こす降伏については、トレスカの降伏条件やミーゼスの降伏条件などいくつかの種類があります。大学で材料力学を学んだ方であれば、聞き覚えがあるのではないでしょうか。一般的に降伏をしてから破断をするよ

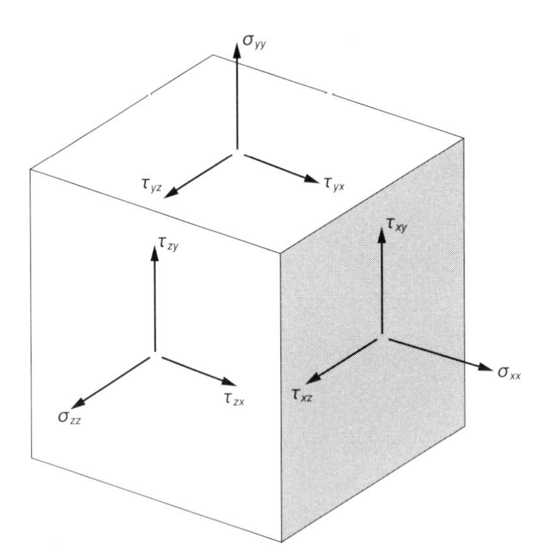

図 3.14　3 次元の場合のせん断応力

うな金属の降伏の場合には、ミーゼスの降伏条件を採用するのが一般的です。ミーゼスの降伏条件は、最大せん断ひずみエネルギー説とも呼ばれ、材料内部の最大せん断ひずみエネルギーが、限界の値に達したときに、その材料は降伏するという考え方です。

この条件に基づく降伏条件式は、以下の式(3.3)のようになります。

$$\sigma_{vm}=\sqrt{\frac{1}{2}\left\{(\sigma_{xx}-\sigma_{yy})2+(\sigma_{yy}-\sigma_{zz})^2+(\sigma_{zz}-\sigma_{yy})^2+6(\tau_{xy}^2+\tau_{yz}^2+\tau_{zx}^2)\right\}} \qquad (3.3)$$

上記の式の σ_{vm} が、フォンミーゼス応力やミーゼスの相当応力と呼ばれるものです。解析ソフトの結果表示におけるフォンミーゼス応力とは、この値のことを示しています。限界というのは、各材料固有の降伏応力のことを示しています。したがって、解析の結果として得られたフォンミーゼス応力と材料の降伏応力を比較して、得られたフォンミーゼス応力の方が大きければ降伏したと考えるのです。

なお、上記の式を見てわかるとおり、フォンミーゼス応力はプラスの値にしかなりません。そこが圧縮状態なのか引張状態なのかは値を見ただけでは判断がつきませんので、注意が必要です。該当する場所が圧縮状態か引張状態かを判断するには、主応力の値を確認します。

6）主応力

強度解析などで強度評価に用いる指標はフォンミーゼス応力が多いのですが、主応力を用いることもあります。前述のとおり、一般的な応力場には、各方向の垂直応力やせん断応力が入り混じった状態になっています。主応力を考えるときには、せん断応力がゼロになるような座標系で、材料の最大、最小の法線方向の応力を考えます。主応力の値は、3次元であれば3つありますから、大きい方から最大主応力、中間主応力、最小主応力と表現します。最大主応力は最大の引っ張り応力の評価に、最小主応力は圧縮の評価に使用します。

主応力を使った強度評価は、一般的には降伏せずに破断してしまうような鋳鉄のような脆性材料において行います。こちらの値も、通常どの設計者CAEソフトでも表示することが可能ですので、状況に応じて使い分けてください。

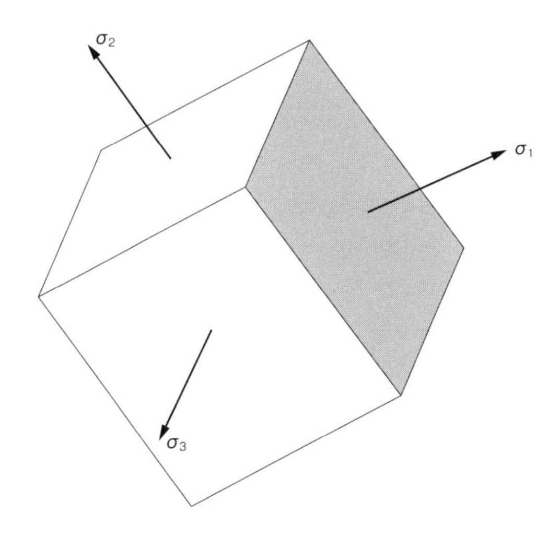

図3.15　3つの応力

なお、先ほど説明したフォンミーゼス応力は以下の式(3.4)のとおり主応力を使っても表現することができます。

$$\sigma_{vm}=\sqrt{\frac{1}{2}\left\{(\sigma_1-\sigma_2)^2+(\sigma_2-\sigma_3)^2+(\sigma_3-\sigma_1)^2\right\}} \qquad (3.4)$$

ここで、σ_1、σ_2、σ_3 はそれぞれ最大主応力、中間主応力、最小主応力です。

7）強度

次は「強度」を考えてみたいと思います。私たちが日常的に使う合金鋼（鉄を主材料にした合金）を例にとってみましょう。このような材料を使ったごくごく薄い板を考えてみます。

この薄い板の両端を持って曲げます。十分に薄ければ人の力で十分に曲げられます。曲げる力が弱いときには弓なりにしなりますが、かけている力がそれほど強くなければ、曲げる力を緩めたときに元の平らな状況に戻ります。ところが、かなり強い力で曲げると、あるタイミングで折り曲げた折り目がついて、その状態になると力を緩めても元の平らな状況に戻らずに曲がったままになってしまいます。

このような元に戻らない変形のことを、永久変形や塑性変形と言います。機械部品などで過大な力がかかって、元の形状とは違う形に変形してしまうと、破断などをしなくても本来の機能を果たすことができなくなりますから、「壊れた」状態になったと考えてもよいでしょう。

この永久変形が始まる時点の応力を「降伏応力」、あるいは「降伏強度」といいます。なお、物体は塑性しても永久変形を続けながら応力が増加していきます。荷重をさらにかけ続けると物体は最終的に破断してしまいます。破断に至るまでに生じる最大の応力を「最大引張強度」、破断時点の応力を「破断応力」と言います。ただし、一般に製品設計では、部品は降伏しないように設計をしますので、強度という場合には、この降伏強度と思って差し支えないでしょう。

降伏強度は物体に固有の値ですので、材料を選択したときに、その強度も決まります。設計などで使われる合金には様々なものがあり、一見同じような挙動を示す材料であっても、強度が大きく違う場合も珍しくありません。**表 3.1** によく使用される材料の強度を示します。

表 3.1　代表的な材料とその降伏応力（降伏強度）

材料名	降伏応力
SUS304	205 MPa
A6061	275 MPa
ABS 樹脂	20 MPa

SUS304（ステンレス鋼の一種）と A6061（アルミ合金の一種）を比較すると A6061 の剛性（弾性変形、体積の変化を伴わない変形のしにくさ）は SUS304 に対して 1/3 しかないのですが、塑性変形を起こす応力の値はむしろ高いことが確認できます。一方で、プラスチックの一種である ABS 樹脂は SUS304 の 1/10 以下です。つまり、より小さな荷重でも壊れてしまうことが予想されます。

8）安全率

解析ソフトで結果を見ていると「安全率」という指標が表示されていることがあります。安全率という数値は、実は、ここまでに説明をしてきた「応力」と「強度」で求めることができるのです。

解析ソフトで示す安全率とは、この値を超えると物体が永久変形をしてしまう負荷に対する比率を示しています。降伏応力とシミュレーションによって予測される最大の負荷、つまり物体中に発生することが予測される最大の応力との比です。英語では Factor of Safety や Safety Factor と呼ばれるため、FoS や SF などのように略され、以下の式(3.5)のように表されます。

$$SF(\text{安全率}) = \frac{\text{使用する材料の降伏応力}^*}{\text{その部材中に発生する最大の応力}} \tag{3.5}$$

（＊材料によっては最大引張応力などを用いることがあります）

この式を見てわかるのは、もし、発生する応力の最大値が降伏応力と等しければ、安全率は 1 になることです。さらに発生する応力が大きければ安全率は

1を下回ってしまいます。つまり、設計をするときには、想定する荷重に対して発生する安全率が1以下では、とてもまずい状況だということがわかります。

先ほど紹介した、強度で紹介した材料を例にとってみましょう。まったく同じ形の部品ですが、材料がそれぞれSUS304、A6061、ABS樹脂である部品に、指定の設計荷重をかけたときに、それらの部品に発生した最大の応力が100 MPaだったとします。そのときの安全率を計算すると、SUS304では2.07、A6061では2.75、そしてABS樹脂では0.2となります。これが意味するところは、SUS304とA6061で作った部品ではある程度の安全マージンを持った設計になっているのに対して、ABS樹脂でこの部品を作ると、そもそもその部品に求められる性能に耐えられないということです。この場合には材料を変更するか、どうしてもABS樹脂を使いたいのであれば、形状や体積などを変更して耐えられるように設計変更を行う必要があることになります。

実際の設計においては、設計する対象にもよりますが、安全率が3から6の間に収まるように設計することが多いと考えられます。安全率を1に近い値で設計することは、軽量化の観点では問題ありませんが、何か予想外の荷重がかかると簡単に壊れてしまいます。そのため、一般的には安全率は3などのように、ある程度安全マージンを確保して設計することがほとんどです。逆に、むやみに安全率が高い設計にしてしまうと、無駄に重くてコストがかかる設計になります。このような状況を過剰設計などと呼ぶこともあります。

9）変位

ここまで、「力」を中心にお話をしてきましたが、ここからは物体の変形に関わる話をしていきます。荷重をかけたことによって、物体がどのくらい変形したのかを示す指標として用いるのが「変位」です。変位と物体の着目する位置が、元の位置からどの程度の距離を移動したのかを示す量になります。たとえば、冒頭の解析であれば、梁の先端が10 mm下方向にたわむのであればそれが変位量です。梁の中央部ではたわみ量が小さく、5 mmなどということになると思います。

ただし、一つ注意が必要なのは、変位量イコール変形量ではないということです。たとえば、**図3.16**のように四角形が回転する場合、右上の頂点は回転して移動しているので変位量が発生していますが、単に形を変えずに剛体回転をしているだけなので変形は発生していません。変位が発生しているイコール変形しているわけではないことに注意してください。

ただ、解析ソフトの変形プロットは、元の形状の節点位置から求められた変位量分だけ節点を動かして変形形状を示しています。通常の解析の状況では変位量が変形量を表していると考えても差し支えないでしょう。

また、解析の結果を見る際に、この変形状況を見ることは非常に重要です。具体的には、変形の方向や形が想定外でないか、それらが妥当と考えられる場合でも、変形量が異常に大きすぎないかを最初に見る必要があります。ここが異常だと、応力分布なども正常ではないことが多く、つまり解析結果そのものが妥当ではないと考えられます。

このようなケースでは、解析条件が妥当ではない、具体的には材料物性や荷重のかけ方、あるいは、留め方が間違っているなどが考えられますので、解析前の設定を見直すことが必要です。

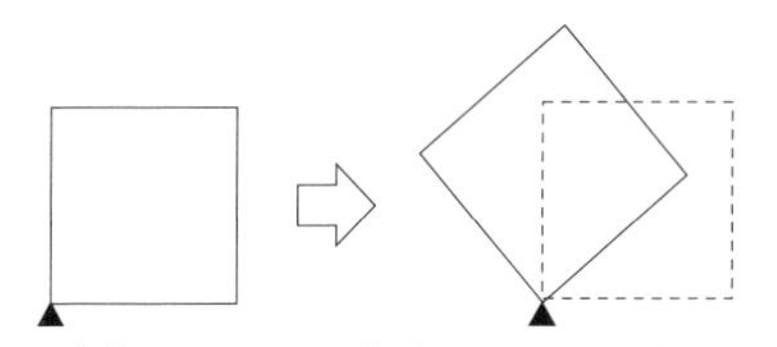

図3.16　変位と変形の区別

10）ひずみ

最後にひずみの話をします。ひずみは名前のとおり、その物体が元の形からどの程度変形したのかを示す尺度となります。その物体がどのくらい変形したのかを表現するには、変位量だけあればよさそうな気もしますが、力（内力）が強度の指標としては必ずしも都合がよくないのと同じように、変位量だけでは物体がどの程度変形したのかを示すのは都合がよくありません。

たとえば、変位量だけでは、図 3.16 のようにまったく変形はしていないけれど、形を変えずに回転したという場合において、変位量は変形を表す尺度としては不適切です。

別の例を挙げましょう。棒 A の先端を 10 N で引っ張ったときに 1 mm 伸び、棒 B の先端を同じく 10 N で引っ張ったら 10 mm 伸びたとします。両方の棒の断面積はともに 10 mm^2 だとします。このとき、どちらの棒のほうが柔らかいのでしょうか？　答えとしては、この情報だけではわかりません。たとえ、A と B が同じ材料だったとしても、A の長さが 100 mm、B の長さが 1000 mm だったとすれば、この違いが出るからです。

では、変形量そのものを見るのではなくて、変形量と元の寸法の比率を見ることにすればどうでしょうか？　その場合はどちらも元の長さの 1 %伸びたのだと分かります。同じ材料、同じ断面積で違いは長さだけなので、変形量ではなくて割合を使ったほうが変形を表現するのに都合がよさそうです。その割合を表現するのが「ひずみ」です。ひずみという言葉には、形のいびつさやゆがみという意味と、物体に外力を与えたときに生じる体積や形の変化の意味がありますが、ここでは後者の意味になります。

一般的に使用される「工学ひずみ（公称ひずみ）」についての定義を、わかりやすく 1 次元で示します（**図 3.17**）。

ここで L が最初（荷重がかかっていない状態）の長さ、ΔL が伸びた長さで

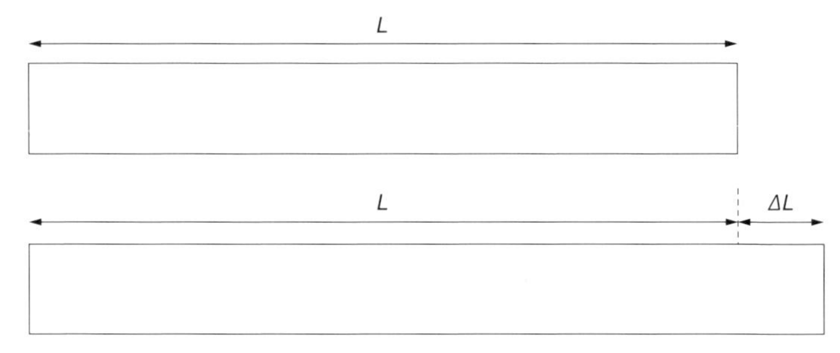

図 3.17　工学ひずみ

す。これらの値を使ってひずみを表現すると式(3.6)のようになります。

$$\varepsilon(\text{ひずみ}) = \frac{\Delta L(\text{伸びた長さ})}{L(\text{元の長さ})} \tag{3.6}$$

ひずみはギリシャ文字の ε で表現するのが一般的です。これで先ほどの棒Aと棒Bのひずみを求めると式(3.7)、(3.8)のとおりになります。

(棒A)

$$\varepsilon_A = \frac{1\,\text{mm}}{100\,\text{mm}} = 0.01 \tag{3.7}$$

(棒B)

$$\varepsilon_B = \frac{10\,\text{mm}}{1000\,\text{mm}} = 0.01 \tag{3.8}$$

どちらも同じひずみの値になりますね。単に長さが違うだけなので、筋の通った解になります。なお、ひずみは式を見てわかる通り、長さを長さで割っているので単位はない無次元数となります。

なお、ひずみについても応力と同様に、計算においては以下の式(3.9)のようなひずみテンソルで表現されています。

$$[\varepsilon] = \begin{bmatrix} \varepsilon_{xx} & \gamma_{xy} & \gamma_{xz} \\ \gamma_{\mathrm{yx}} & \varepsilon_{yy} & \gamma_{yz} \\ \gamma_{\mathrm{zx}} & \gamma_{zy} & \varepsilon_{zz} \end{bmatrix} \tag{3.9}$$

また、相当ひずみについては、相当応力と同様に以下のような式(3.10)で計算できます。

$$\varepsilon_{\mathrm{eqv}} = \left(\frac{1}{1+\nu}\right)\sqrt{\frac{1}{2}\left\{(\varepsilon_{\mathrm{xx}}-\varepsilon_{\mathrm{yy}})^2+(\varepsilon_{\mathrm{yy}}-\varepsilon_{\mathrm{zz}})^2+(\varepsilon_{\mathrm{zz}}-\varepsilon_{\mathrm{xx}})^2+6(\gamma_{\mathrm{xy}}^2+\gamma_{\mathrm{yz}}^2+\gamma_{\mathrm{xz}}^2)\right\}} \tag{3.10}$$

あるいは、主ひずみを用いて以下の式(3.11)のように計算することも可能です。

$$\varepsilon_{\mathrm{eqv}} = \sqrt{\frac{2}{3}\left\{(\varepsilon_1-\varepsilon_2)^2+(\varepsilon_2-\varepsilon_3)^2+(\varepsilon_3-\varepsilon_1)^2\right\}} \tag{3.11}$$

3.5 とても大事な「単位系」

さて、これらの用語を説明してきたところで、解析をしていく上で非常に重要なことがあります。それが「一貫した単位系」を使うことです。一貫していないとどうなるのかというと、解析の結果が、意味の通らないものになってしまいます。

その前にもう一つお話しをしたいことがあります。それは、日常的に使う単位と、解析などの技術的な計算で使用する単位の違いです。本章の冒頭で片持ち梁の解析事例を紹介した際に、筆者が使用した単位に違和感がある人がいるかもしれないと書きました。これは、通常、解析などで使用しない単位系でありながら、日常にはありふれた単位を使用したからです。

それでは早速、その単位について話をしてみましょう。まず、かけた力、すなわち荷重ですが、そこに kg という言葉を用いました。私たちの体重をはじめとして、重さの表現にはごく一般的ですね。

ところが、この単位を力としては解析では用いません。そもそも、kg は荷重の単位ではなく質量の単位です。あえて、それを荷重の単位として用いるのならば、kg 重、あるいは kgf と表現します。ただ、いずれにしても力の単位としては、解析では用いません。

何を用いるのかといえば、N（ニュートン）という単位を用います。したがって、本書では、荷重あるいは力の単位としては、一貫して N を用いていきます。ちなみに、「kg 重」から「N」への変換は簡単で、kg 重で表現されている荷重に重力加速度「9.80665 m/s^2」をかけてやれば、N になります。たとえば、10 kg 重の荷重は、約 98.07 N となります。体重が 50 kg の人が椅子に座ったときの座面のたわみ具合を解析したいと思ったときにかけるべき荷重は、「50」ではなくて、約「490.3」N だということになります。

また、私たちの身の回りにある工業製品の設計において使用される単位は、「m」でも「cm」でもなく「mm」です。工業製品のような比較的小さな（建物などの大型建造物ではないという意味で）ものを扱う場合の単位は「mm」ですので、本書でも今後は長さの単位を「mm」に揃えて話を進めていきます。

さて、ここから工学の計算で使用する単位についての話をしていきます。日本において、工学計算で使用される単位系は一般に、「工学単位系」ではなく、「SI 単位系」と呼ばれるものです。アメリカでは、ヤード・ポンド法、あるいはインペリアル単位系と呼ばれるインチ、ポンドを使用しますが、本書では割愛します。

3.6　用語を理解した上で、もう一度解析結果を確認しよう

本章冒頭の解析結果の解説に必要な用語とその意味の説明ができましたので、それらを使ってあらためて結果を確認してみましょう。

まず、境界条件、すなわち拘束条件と荷重条件を見てみます。片持ち梁なので、一端が完全に動かないように拘束されており、もう一端に荷重がかかっています（**図 3.18**）。

次に載荷している荷重を確認してみましょう。載荷している荷重は 50 kg 重ですが、すでに計算では N を使うと説明しました。したがって、50 kg に重力加速度の 9.80665 m/s^2 をかけると約 490.3325 N という値が出てきますので、この値を載荷します（**図 3.19**）。図では、全体座標系のマイナス Y 方向が下向きなので、棒の先端に、−490.333 N の荷重を載荷していることがわかります。

また、この棒の材料物性を確認してみましょう（**図 3.20**）。ここでは「降伏強度」に着目します。物性値を見ると「250 MPa」とありますので、この棒に発生する応力が 250 MPa を超えると壊れる可能性があることになります。

これで、解析を適切に実行するための情報が揃っていることは確認ができました。それでは、実際に解析をしてみた結果を解釈してみましょう。

解析結果を見るにあたって、最初に確認したいのは「変形」や実際に発生している「変位」の値です。異常な変形や明らかに不自然な変形が生じていないかを見ることで、解析の設定が妥当かどうかを再確認することができます。

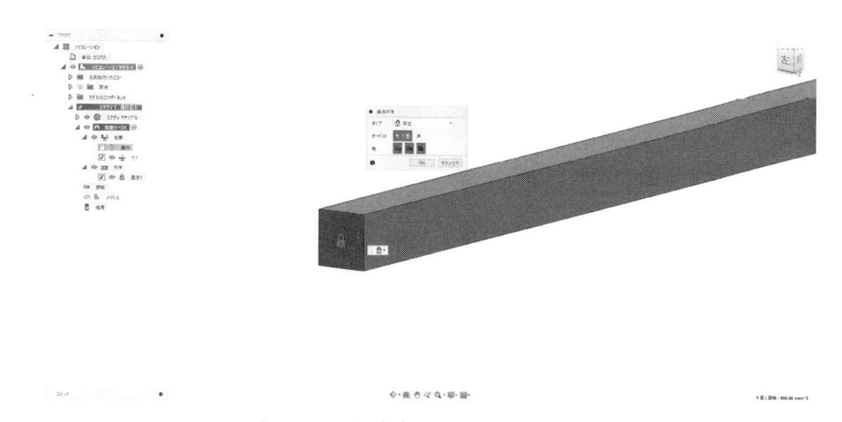

図 3.18　拘束条件（全自由度拘束）

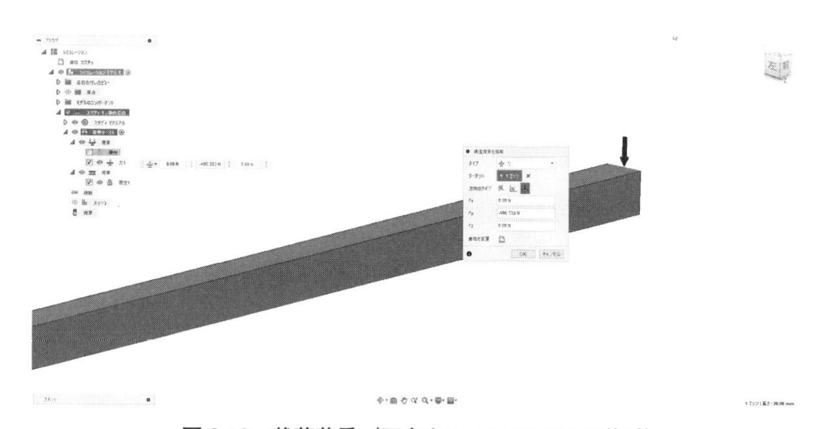

図 3.19　載荷荷重（下向きに 490.333 N の荷重）

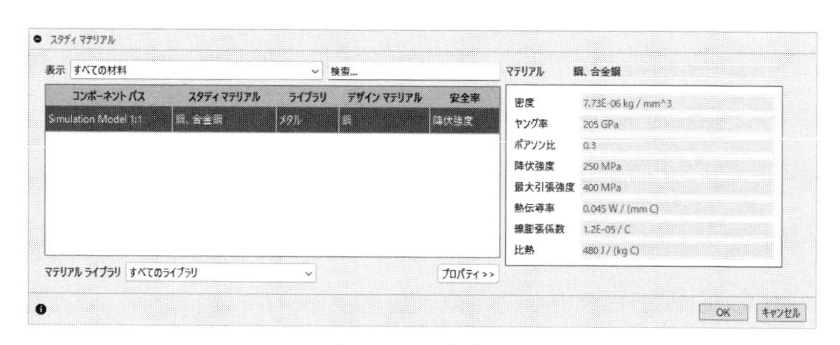

図 3.20　材料物性

図 3.21 の変形を見る限り、それほど不自然ではありません。長さが 500 mm の棒の先端の変位が約 7 mm であり、現実的な結果と考えられますので、このまま他の結果を見ていこうと思います。

反力も確認してみます。妥当な拘束条件がかかっていれば、拘束部位に、載荷方向とは逆方向に同じ値の反力が発生しているはずです。

反力のプロットは、**図 3.22** のように断面上で一様ではなく、まだらになっています。これは要素の各節点ごとのプロットが表示されているためです。拘束されているのはこの面上のすべての節点なので、その合計を表示させます。合

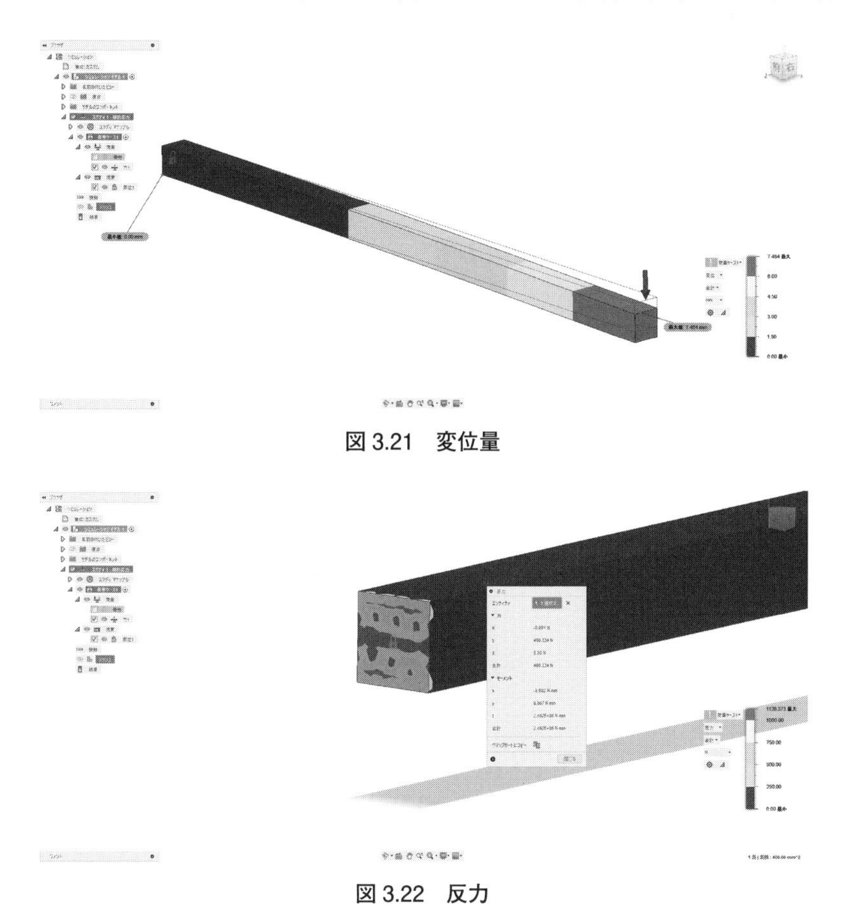

図 3.21　変位量

図 3.22　反力

計値を見ると 490.333 N となっていますので、拘束部位は間違いなく完全に拘束されていることが確認できました。

解析モデルの妥当性はおおむね確認できましたので、次に応力を確認してみましょう。応力の結果は**図 3.23** のとおりフォンミーゼス応力で確認します。その値の最大値は棒の根本付近に発生しており、187.2 MPa となっています。図 3.20 の材料物性値の降伏強度を思い出してみましょう。それによると降伏強度は、250 MPa でした。これが何を意味するのかというと、発生した最大の応力値は降伏強度の値よりも小さいので、この棒は降伏しない、すなわち壊れないということが言えます。

このことは、**図 3.24** の「安全率」の値でも確認できます。安全率のチャートでは、安全率が 1 を下回るとその数値も表示されます。画面右の凡例バーには「最小 1.336」と表示されています。このことからも、今回想定する荷重では壊れる可能性は低いことがわかります。ただし、安全率の項で説明したとおり、一般的には安全率を少なくとも 3 程度は見込んで設計をすることが多いため、応力が高い部分の応力を下げる工夫を検討したほうがよいかもしれません。

ひずみの値も見てみましょう。最大のひずみ値は、**図 3.25** のとおり、応力と同様に拘束部付近に発生しています。本章では説明していませんが、ひずみの高い部分は応力が高い部分と重なるので、妥当な結果です。値は10のマイナス

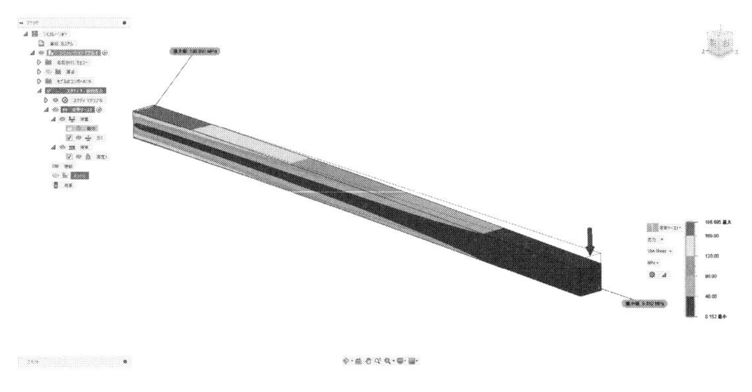

図 3.23　フォンミーゼス応力

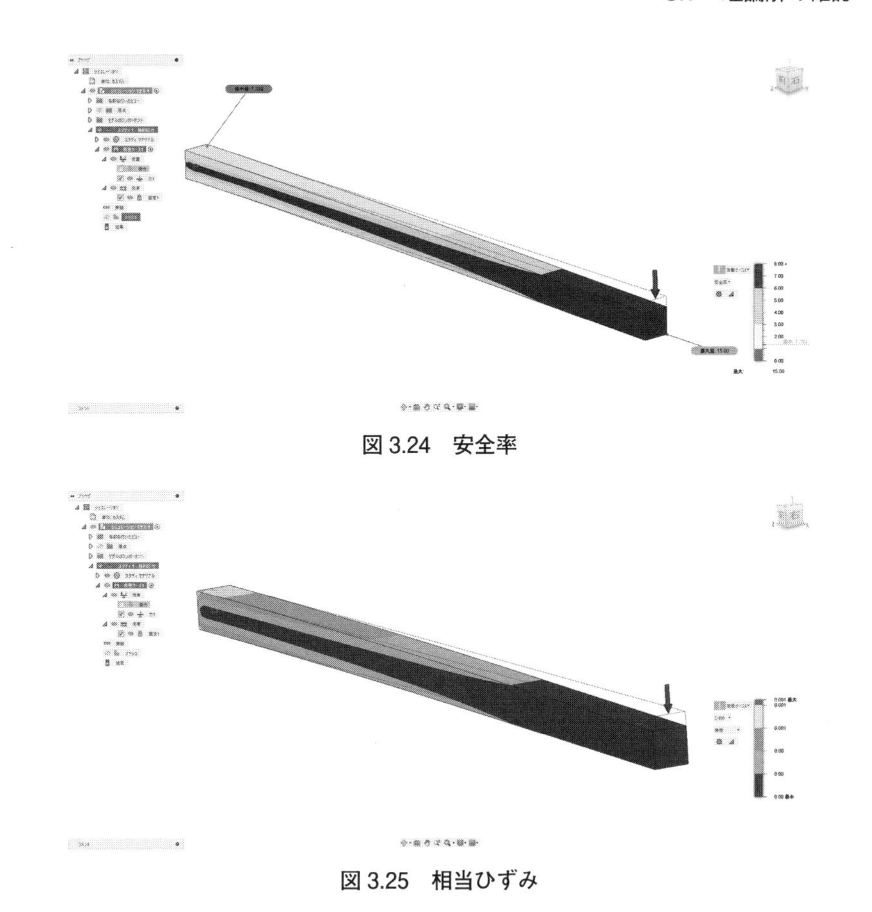

図 3.24　安全率

図 3.25　相当ひずみ

4 乗と非常に小さな値ですが、弾性変形（永久変形をしない変形）の領域では、一般にひずみは非常に小さな値なので、妥当と考えられるでしょう。

3.7　理論解の確認

実際の部品設計では、モデルする形状も複雑ですし、境界条件も単純ではありません。そのため、材料力学の教科書的な理論解の計算は難しいのですが、今回のような片持ち梁のモデルでは理論解が存在していますので、確認してみましょう。片持ち梁に曲げ荷重を載荷した際の変位量の最大値は以下の式(3.12)で求まります。

$$\delta_{max}=\frac{PL^3}{3EI} \tag{3.12}$$

ここで、P は載荷した荷重、最大の変位量は梁の先端になりますから、L は梁の長さそのもの、E はヤング率、すなわち梁に使用している材料の固有の剛性値、そして I は断面二次モーメントになります。

では、一つずつ数字を確認していきましょう。P は荷重値ですが、50 kg の荷重を載荷するので、この値をニュートン（N）に変換すると、約 490 N になります。L は 50 cm なので、すなわち 500 mm になります。断面は 2 cm×2 cm ですから、すなわち 20 mm×20 mm となります。材料はスチールなので、この合金の代表的なヤング率として、210000 MPa を採用します。最後に断面二次モーメント I ですが、四角形の断面の場合には、以下のような式(3.13)で計算することができます。

$$I=\frac{bh^3}{12} \tag{3.13}$$

ここで b は断面の幅、h は高さですが、今回のケースでは $b=h$ ですので、以下の式(3.14)のようになります。

$$I=\frac{20^4}{12}=\frac{160000}{12}\approx 13333\ \mathrm{mm}^4 \tag{3.14}$$

これらの数値と前述の式を使って理論解を計算すると、式(3.15)のようになります。

$$\delta_{max}=\frac{490\ \mathrm{N}\times(500\ \mathrm{mm})^{3})}{3\times 210000\ \mathrm{N/mm}^2\times 13333\ \mathrm{mm}^4}=7.29\ \mathrm{mm} \tag{3.15}$$

同様に応力は以下のような式(3.16)で求められます。

$$\sigma_{max}=\frac{My}{I} \tag{3.16}$$

ここで、M は曲げ荷重を載荷したことによって発生するモーメント、y は中立面からの距離、そして、I は先ほどの変位量の式で出てきた断面二次モーメントです。荷重を梁の先端に載荷したときに最も大きなモーメントが発生するのは梁の付け根になります。したがって、モーメントは以下の式(3.17)のように、載荷した荷重値と梁の長さ L の積で求めることができます。

$$M = PL = 490\ \mathrm{N} \times 500\ \mathrm{mm} = 245000\ \mathrm{N \cdot mm} \tag{3.17}$$

y の値は、以下のような理由により、10 mm となります（**図 3.26、3.27**）。

図 3.26　片持ち梁における曲げの中立面

よって、応力の理論解を計算すると式(3.18)のようになります。

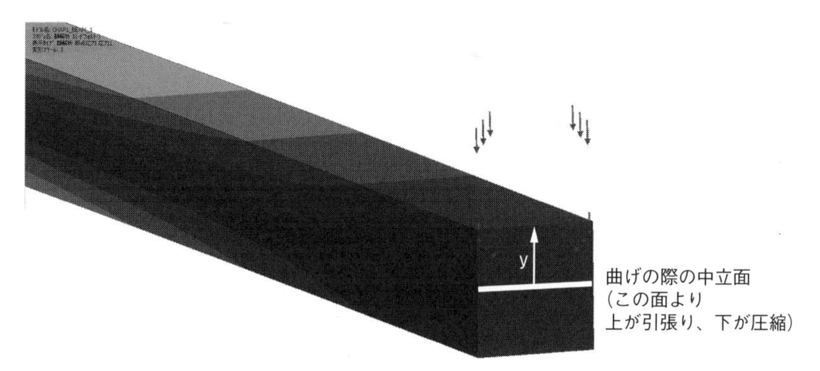

図 3.27　片持ち梁における曲げの中立面とそこからの距離 y

$$\sigma_{max} = \frac{245000\ \mathrm{N \cdot mm} \times 10\ \mathrm{mm}}{13333\ \mathrm{mm}^4} = 183.75\ \mathrm{MPa} \tag{3.18}$$

それでは、理論解と解析解を合わせてみましょう。今回は SOLIDWORKS Simulation で計算した結果を示します（**図 3.28、3.29**）。

理論値を基準にして誤差を計算すると式(3.19)、(3.20)のようになります。

$$\mathrm{Error(stress)} = \frac{183.75 - 181.1}{183.75} \times 100 = 1.44\% \tag{3.19}$$

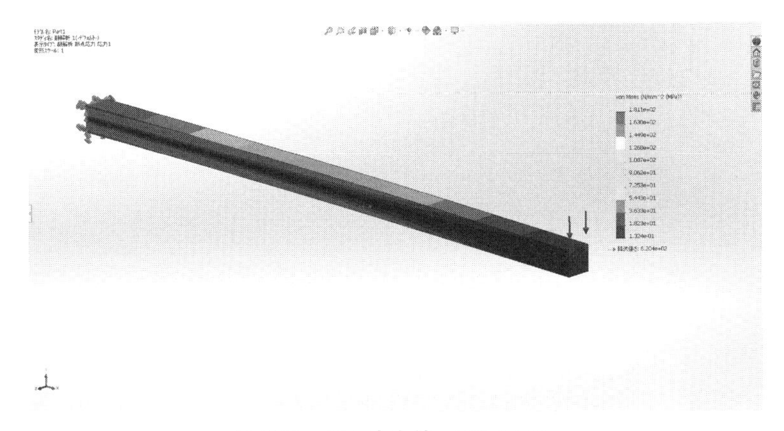

図 3.28　最大応力値　362.2 MPa

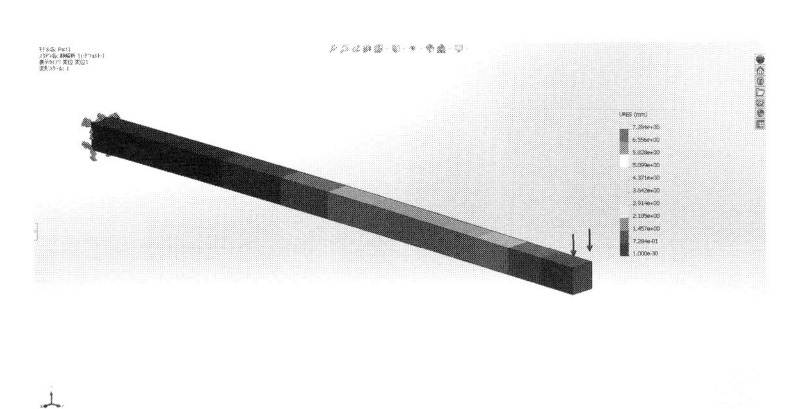

図 3.29　最大変位量　14.57 mm

$$\text{Error(displacement)} = \frac{7.29 - 7.284}{7.29} \times 100 = 0.082\% \qquad (3.20)$$

応力は誤差が１％を少し超えますが、変位量は 0.1 ％以下の誤差で数値の絶対値も小数点以下二桁であっていますので、十分によい精度でシミュレーションが実現していると考えられます。応力も後の章で示すように、メッシュのサイズの調整でより理論値に近い値を得られる可能性があります。

3.8 現実の部品のように単純な形状や条件ではない場合

実際の製品設計においても、できるだけエッセンスを抽出して、簡略化することで理論解を計算できる場合があります。もちろん、部品形状によっては直感的にどのように簡略化したらよいのかわからない場合も少なくないですが、実用的な部品においても、材料力学の式を用いて計算できます。

たとえば、**図3.30**のような部品を考えてみます。このような部品は、その部材に開いた穴同士をボルトなどで締結して大きな構造物を作るような用途で用いられます。そのような場合に、部品が十分な強度を持っているか、許容できないような大きな変形をしないかなどを確認したいでしょう。この形状の場合には単純に言えば、穴を無視すれば、コの字型の断面を持つ棒として考えることができます。確認した結果が**図3.31、3.32**です。

複雑なモデルを簡略化していますので、本来の形状のようにたとえば穴付近の応力の分布などを見ることはできません。しかし、少なくとも全体の変位や応力のオーダーは確認できます。実験値、測定値などがなく、なんとか理論的にあたりを試したいときには、実物を簡略化、あるいは抽象化することによって理論解を求めることを試してみましょう。

この考え方を応用すれば、船や飛行機といった巨大な構造物のボディも細長い中空の筒のようなものと置き換えて全体の挙動を考えることができます。あ

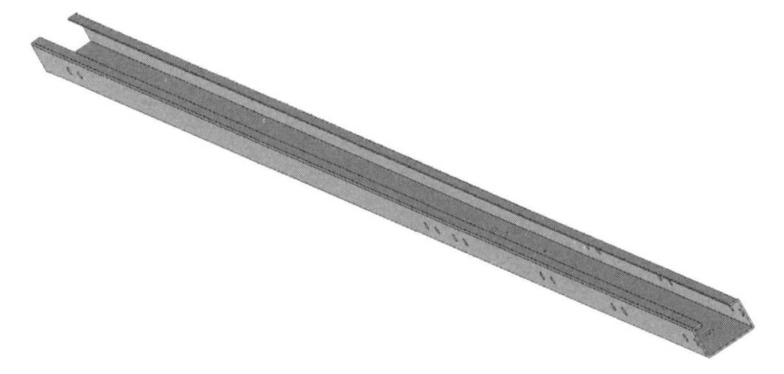

図3.30　実際に使用する部品の例

るいは、ダムの壁や川の堤防のような構造物も、一つの単純な壁として置き換えれば、シンプルになります。そのうえでまずざっくりと、どんなオーダーの数字が必要となるのかのあたりをつけることができます。

その上でシミュレーションで検証してもいいですし、その結果がよければ、得られたジオメトリにより確信をもって設計を進めていけるのではないでしょうか。

図 3.31　穴とフィレットがある元の形状　先端の変位量：68.42mm

図 3.32　穴とフィレットを省略した形状　先端の変位量：66.36mm

第4章

現実の再現と「境界条件」

解析データの設定が一通りできるようになり、結果の解釈もある程度できるようになってくると出てくる次の悩みが、そもそも解析モデルの設定が妥当なのか、あるいは、現実を反映しているのかということです。シミュレーションと、実験結果やその他現実に起きた現象とが合わないというお話は、それほど珍しいものではありません。シミュレーションと現実が相違する理由はいくつかありますが、以下のようなことがよく見受けられます。

1）シミュレーションに与えた各種条件（境界条件や材料物性など）が適切ではなかった
2）実験結果がエラーを多く含むものであった
3）（1）に類似するものですが、実験とシミュレーションの条件がそもそも違っている

現実世界で起きたことをマスターとすることも多いと思いますが、試験、実験もその実施方法によってはエラーを含むものであることを理解しておく必要があります。この章では、現実に沿うような解析モデルを作れているのか自信がない、という観点で進めますので、上記の1）を中心に解説していきます。

結果に影響を与える要因は様々ですが、本章では「境界条件」、具体的には「拘束条件」と「荷重条件」を中心にお話を進めていきます。というのも、境界条件は結果に影響を与える最も大きな要因の一つであり、ちょっとした不注意でもまったく違う結果になることも珍しくないからです。

4.1　【解析例】両端を支えた梁の中央に荷重をかけて曲げてみる

最初に**図 4.1** のようなモデルを考えてみます。机のように、天板となる板の下に合金鋼製の脚を取り付けます。両端は上から厚みのある板で挟み込んで、ボルトできつく締めて固定します。天板の中央部に下向きに 1000 N の荷重をかけたときの中央のたわみ量を考えてみます。なお、この板の全長は 600 mm、

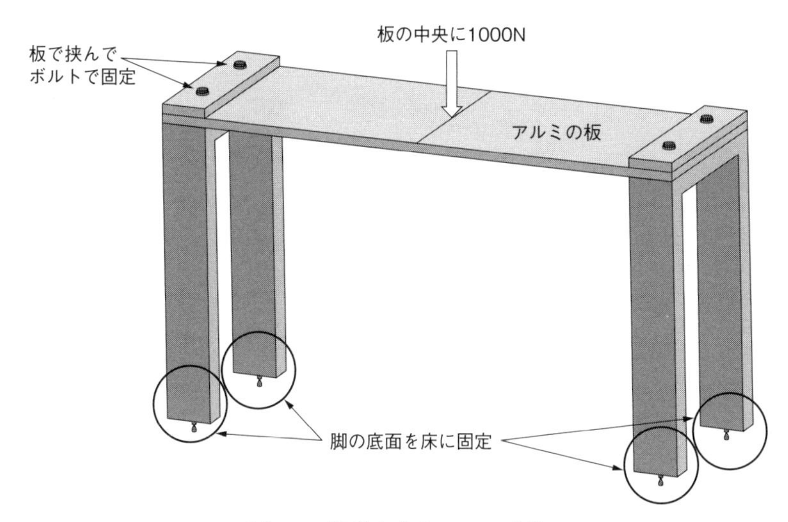

図 4.1 簡単な台のアセンブリ

幅は 200 mm、厚みは 1 mm とします。板の両端 50 mm ずつが板で挟み込まれているので、天板として使える長さは、600 mm のうち 500 mm となります。

シミュレーションのやり方としては、これを構成するアセンブリ全体を使って解析を行う方法と、興味のある天板のみを解析する方法があります。当然ながら、アセンブリを構成する部品を含めて全体を解析するほうが、設定が妥当である限り、解析結果も妥当なものが得られる可能性が高くなります。しかし、アセンブリ全体を毎回再現することは手間がかかりますし、また計算モデルも重たいものになり、データ設定や計算そのものの時間もかかります。このケースであれば、板を単品で解析して結果を求めるほうが楽でしょう。ということで、ここでは天板一枚で解析を進めてみたいと思います。

荷重については、真上から板の中央に 1000 N を下向きに載荷します。これについては特に迷うことはありませんが、少し悩むのは拘束条件かもしれません。板の両端の位置を固定する方法は、今回は 2 種類考えられます。完全固定と単純支持です。

完全固定の場合には、両端の並進自由度とともに回転自由度も止まった状態

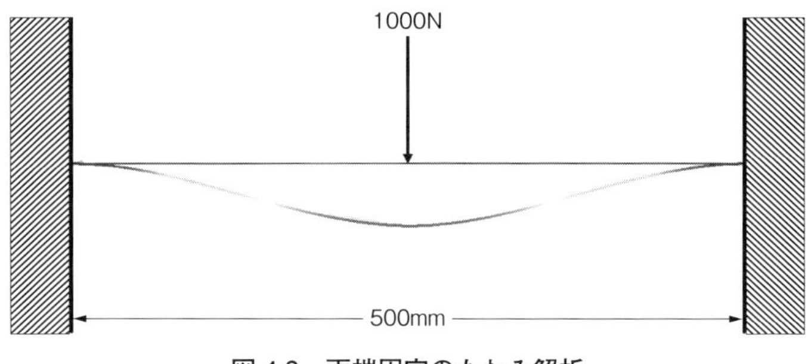

図 4.2　両端固定のたわみ解析

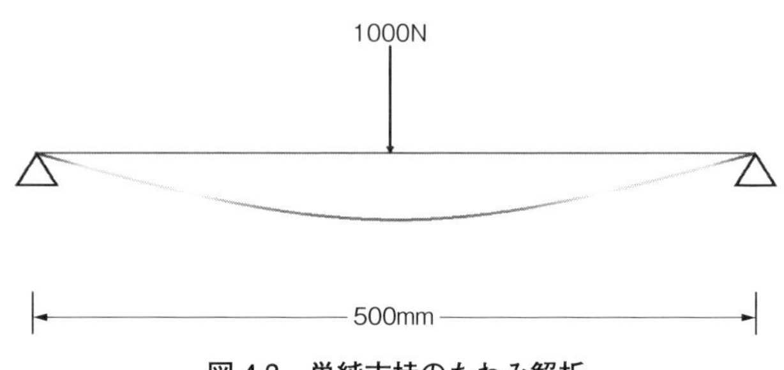

図 4.3　単純支持のたわみ解析

で、中央部に荷重を載荷したときの変形のイメージは**図 4.2** のようになります。一方、単純支持の場合には、両端の並進自由度を固定することは同じですが、回転自由度は拘束されません。中央部に荷重を載荷したときの変形のイメージは、**図 4.3** のようになります。

さて、境界条件としてどちらがより妥当と考えられるかを検討する必要があります。図 4.1 の状況は、言ってみれば板の先端が壁の中に埋まっているようにも考えられ、両端の変形の状態は、完全固定により近いように考えられますので、今回は完全固定の境界条件で解析を進めてみようと思います。

まず、完全固定の場合の変位量の理論値（材料力学の解）を計算してみます。解は以下の式(4.1)で求めることができます。

$$\delta = \frac{PL^3}{192EI} \tag{4.1}$$

ここで、荷重 P は1000 N、L は全長500 mm、E はアルミのヤング率68900 N/mm^2 (MPa)、そして I は断面二次モーメントです。今回のケースでは以下の式(4.2)のように計算することができます。

$$I=\frac{bh^3}{12}=\frac{200\ \mathrm{mm}\times(10\ \mathrm{mm})^3)}{12}=16666.67\ \mathrm{mm}^4 \tag{4.2}$$

これらの数値を上記の式(4.3)に当てはめて計算をしてみます。

$$\delta=\frac{1000\ \mathrm{N}\times(500\ \mathrm{mm})^3}{192\times 68900\ \mathrm{N/mm}^2\times 16666.67\ \mathrm{mm}^4}=0.5669\ \mathrm{mm} \tag{4.3}$$

後ほど、この計算結果とシミュレーションによる結果とを比較してみたいと思います。

さて、先ほどは採用しないことにした単純支持の条件では、変位量はどのようになるのでしょうか。たわみ量は以下の式(4.4)で計算することができます。

$$\delta=\frac{PL^3}{48EI} \tag{4.4}$$

先ほどの固定境界条件とよく似た式ですが、分母の値が異なっています。この式に数値を当てはめると変位量は以下の式(4.5)のように求められます。

$$\delta=\frac{1000\ \mathrm{N}\times(500\ \mathrm{mm})^3}{48\times 68900\ \mathrm{N/mm}^2\times 16666.67\ \mathrm{mm}^4}=2.268\ \mathrm{mm} \tag{4.5}$$

どちらも両端をすべての自由度に対して動かないように並進自由度をとめていることは同じですが、変位量の結果としては大きな違いを生んでいることがわかります。どちらが妥当な条件なのかは、シミュレーションの結果を見ながら確認をしていきたいと思います。

4.2　環境を再現する肝である境界条件

境界条件がなければ困る理由は大きく二つあります。一つ目は、境界条件はシミュレーションを行う上での必須条件であることです。単純に境界条件がなければ計算そのものが成り立ちません。また、単に境界条件があるだけでもダメで、必要な境界条件がすべて揃っていなくてはなりません。揃っていない場合には、後述するように力の釣り合いを計算できなくなってしまうのです。

適切な境界条件がなくては困る理由のもう一つは、現実を再現できなくなってしまうということです。適当な境界条件を定義すると、シミュレーションで作った環境と現実の環境が違うということが起こりえます。そうなると、シミュレーションで得られた結果は、もはや設計の役にはたたなくなってしまいます。この二つの理由により、境界条件をしっかりと理解しておく必要があるのです。

4.3　解析結果を左右する境界条件ってなんだ？

1）様々な留め方を再現する拘束条件

ここで、解析の精度を左右する境界条件についてもう少し詳しく話をしていこうと思います。解析の設定上、境界条件は基本的には「拘束条件」と「荷重条件」に分けて考えることができます。実際、多くの解析ソフトではユーザーインターフェース上も拘束条件と荷重条件に分けています。ここでは最初に拘束条件について考えてみます。

一般的に応力解析を行う場合には、拘束条件が必要になります。拘束条件の役割として、先ほどの例のように、より現実に近い固定条件を設定することがありますが、そもそも論としてより重要な役割があります。それが、「解析モデルを解析可能にする」ことです。それだけだと、ちょっと何を言っているのかわからないと思いますので、もう少し詳しくみていきます。

ざっくりとイメージを説明すると、以下のようになります。解析データを設定するにあたり、たとえば、薄い板をCADで作成し、合金鋼の材料物性値を与えて、左側から100 Nの荷重を板の中央部に与えたとします。これで、板の変形を求めることができるのでしょうか。答えを先に言うと、このままでは板の変形を求めることができません。この状況は言ってみれば、板を作って荷重を与えたはいいものの、宇宙空間で支えなく宙に浮いているような状態です。宇宙飛行士が、宇宙ステーション内で目の前に浮いているものに力を加えて押してやると、押した方向にどこまでも無変形で移動していくような状態です。

応力解析では、ある外力に対してその物体がある変形を起こし、その変形と物体の合計の積が外力と釣り合うような状態を見つけるような計算をします。ところが、剛体運動を起こす状態というのは、変形もゼロになるわけですから力の釣り合いが見つけられない、すなわち計算ができないような状態です（**図4.4**）。なお、これは静解析における注意事項で、固有値解析をはじめとした動解析においては必ずしも拘束条件が必要とは限りません。

つまり静的応力解析を行う上では剛体運動を抑えてやる必要があるわけです。そのために必要なのが、解析対象となる物体を「拘束」、すなわち勝手に動いたり、回転したりしないように固定することなのです。

ここで剛体運動について考えてみますが、わかりやすく2次元で考え、水平方向をX、垂直方法をYとします（**図4.5**）。正方形の物体があって、これに対して荷重が与えられたとき、どのような方向からどのような大きさの荷重であっても、変形することなく移動してしまいます。これを剛体運動と呼びます。では、**図4.6**のような拘束条件がついたらどうでしょうか？

図4.6は左端の節点一つのみにY方向の拘束をつけている状態です。これでこの物体はY方向に剛体運動をしなくはなりますが、X方向には引き続き自由に動けますし、拘束条件がついている節点を軸にして自由に回転（剛体回転）

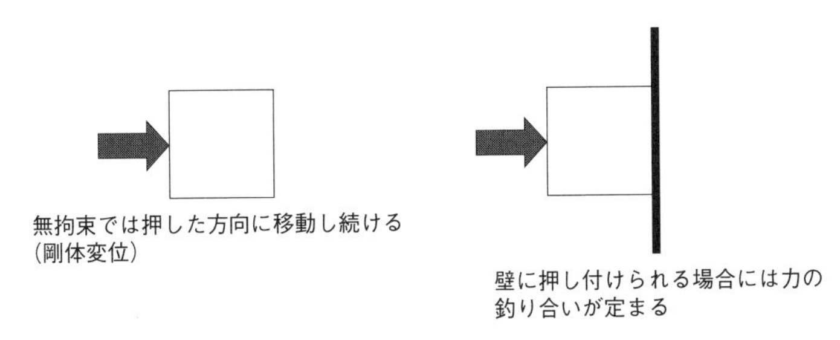

図4.4　剛体運動を起こす例と力の釣り合いが定まる例

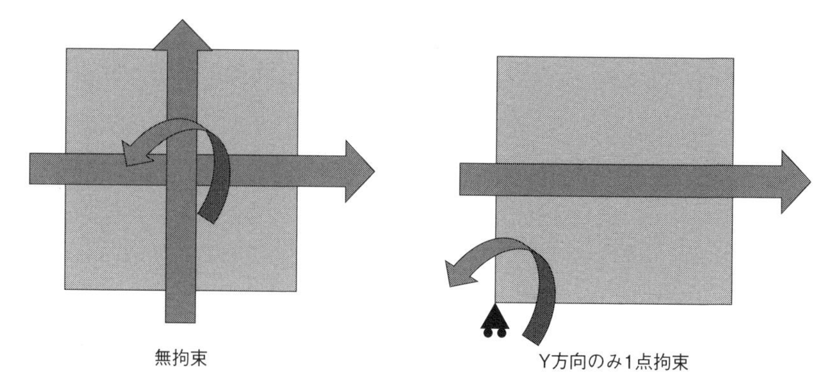

図 4.5　すべての自由度で剛体運動が起きる例　**図 4.6　並進 Y の自由度のみ拘束されている例**

することも可能です。つまり、拘束が不完全ということになります。

次に行ったのは、**図 4.7** のように Y 方向拘束をつけた節点に対して X 方向も拘束することです。これによって、X 方向への剛体運動も抑制できますが、この場合でも拘束条件をつけた節点を軸にして剛体回転ができますので、まだ不完全な拘束ということになります。

ちなみに、**図 4.8** のように正方形の下の２節点に対して、ともに Y 方向拘束をつけるのはどうでしょうか。この場合、Y 方向への剛体運動と、剛体回転は抑制されますが、X 方向への剛体運動は引き続き起こりえます。

図 4.9 のように正方形の左側の節点二つに X 方向拘束を与える場合、X 方向の剛体運動と剛体回転の抑制はできていますが、今度は Y 方向への剛体運動を許容してしまいます。

図 4.10 のように、左下の節点を XY 並進自由度固定、右下の節点を Y 自由度固定することで、この正方形の XY 並進剛体運動と剛体回転が抑制されました。すべての自由度に対してこのように剛体運動を抑制することで、外力がかかったときに物体の変形を計算できるようになります。

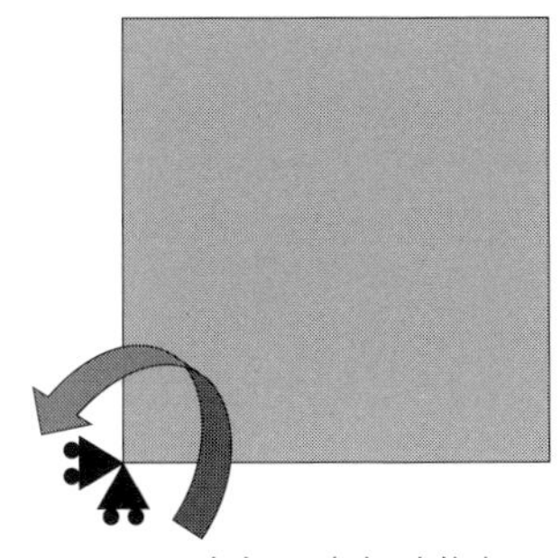

図 4.7 並進Xと並進Yは拘束されているが、剛体回転が起こる例

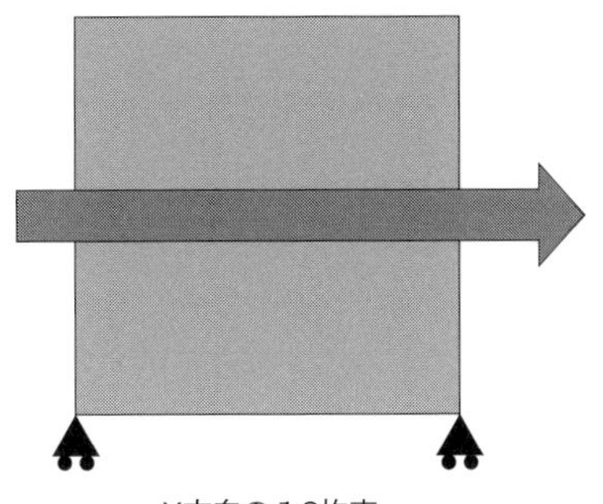

図 4.8 並進Yと回転は拘束されているが、並進Xの自由度に剛体運動がおこる例

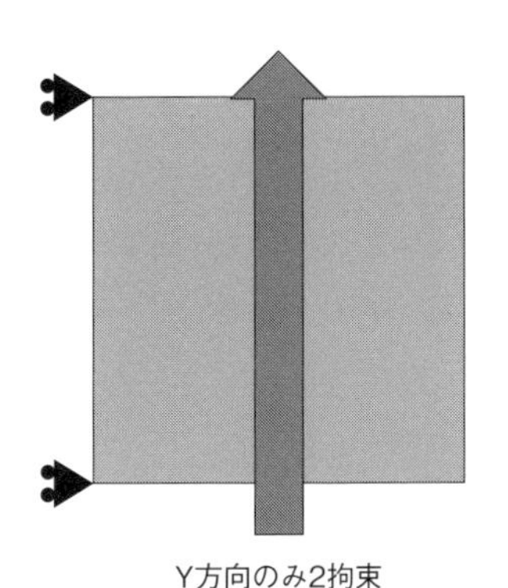

図 4.9 並進Xと回転は拘束されているが、並進Yの自由度に剛体運動がおこる例

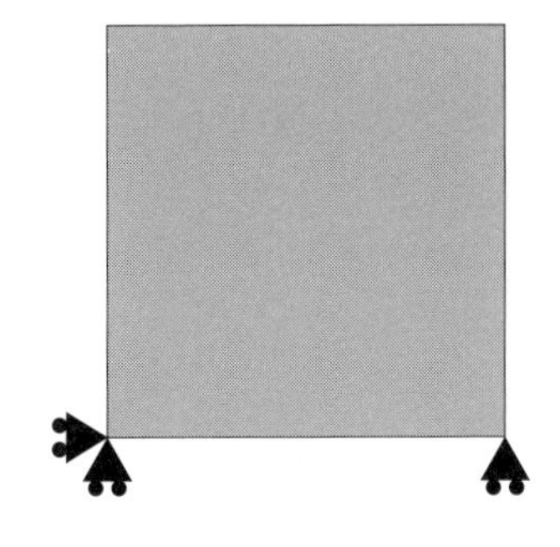

図 4.10 全自由度が適切に拘束されている例

シミュレーションソフトでの拘束の扱い

シミュレーションソフトでは、拘束をどのように設定するのかを説明します。有限要素法による解析ソフトの場合には、「拘束」は要素を構成する「節点」に与えます。各節点は、それぞれが「自由度」を持っています。自由度はすでに第1章で説明したとおり、並進自由度と回転自由度を持っています。ただし、節点が必ず並進自由度と回転自由度の両方を持っているわけではなく、要素の種類に依存します。そのため、ここからは、設計者CAEにおいて最も使用される3次元のソリッド要素に限ってお話をします。

昔からの解析ソフトのプリプロセッサの場合には、節点に対して直接拘束条件を与える操作をするのですが、設計者CAEのユーザーインターフェイスの場合には、CADのジオメトリ（サーフェス、エッジ、頂点など）に与えることが一般的です。解析専門ソフトのプリポストはX、Y、Z、RX、RY、RZのように自由度ごとに拘束する、しないを指定しますが、設計者CAEの場合には自由度で考えるよりも、面やエッジ、頂点がどのように動くのか、あるいは拘束されるのかという指定のやり方になっているものが多いようです（実際に計算を行うためのプログラムに投入される際には、バックグラウンドで自由度での設定に変換されたデータが生成されます）。ただ、おおむねどのソフトを使用した場合でも、ユーザーがイメージしやすい設定方法になっています。

それぞれのソフトで用意されている代表的なもの列挙します。

Inventor Nastranの場合

Inventor Nastranのユーザーインターフェイスでは、**図4.11**のようなコマンドが用意されています。汎用性があるのが「拘束」です（**図4.12**）。「拘束」のユーザーインターフェイスでは、具体的に自由度自体を指定して拘束をすることが可能です。この画面から摩擦なしの指定をすることも可能です。一般的な拘束と摩擦なしの違いは、拘束が面内の移動、面に鉛直な方向への移動もすべて拘束するのに対して、摩擦なしでは、面に鉛直な方向への移動は許容しないものの、面内では自由に滑ることができます。

また、**図4.13**のように円柱や円筒の側面を指定して、円の放射方向や接線方向、あるいは円筒の軸方向といった形で、円筒座標系の設定をすることなく円

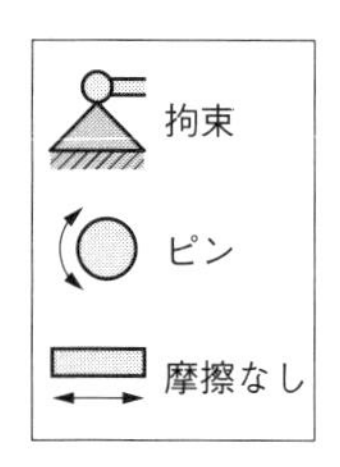

図4.11　Inventor Nastranの拘束条件設定用アイコン

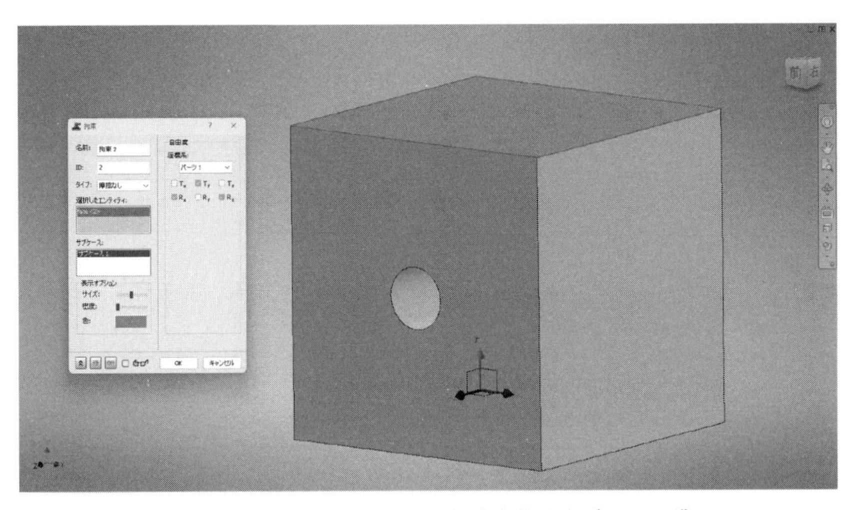

図 4.12　Inventor Nastran の拘束条件設定ダイアログ

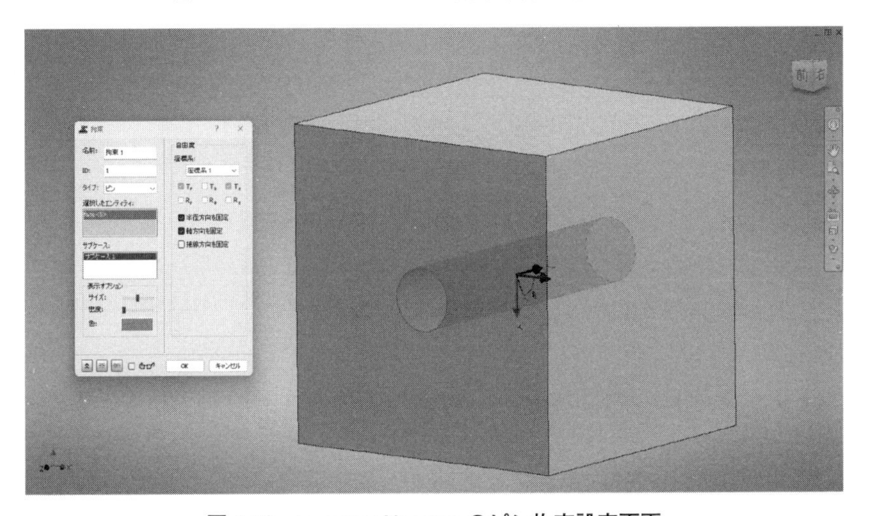

図 4.13　Inventor Nastran のピン拘束設定画面

筒面を拘束することも可能です。

SOLIDWORKS Simulation の場合

SOLIDWORKS の場合にも、同様に面を完全に拘束したり、摩擦なしで面上を滑ったりするように移動するような拘束が可能です（図 4.14、4.15、4.16）。

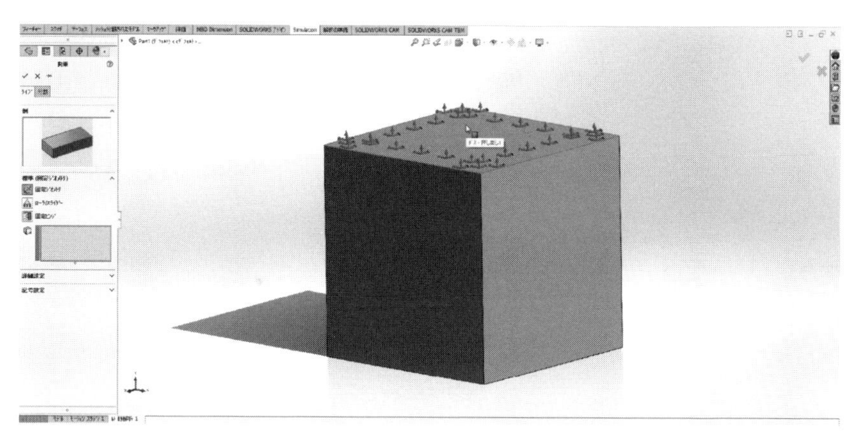

図 4.14　SOLDIWORKS Simulation の拘束条件設定画面（全自由度拘束）

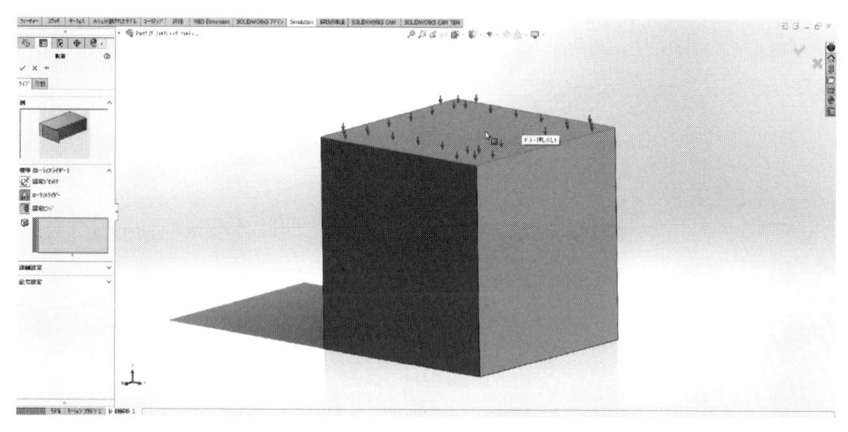

図 4.15　SOLDIWORKS Simulation の拘束条件設定画面（ローラー/スライダ条件）

2）色々な荷重を再現するための荷重条件

境界条件を考えるうえでもう一つの重要なものが「荷重条件」です。荷重という「外力」がなければ、解析対象は変形できません。実際の現象をできるかぎり正確に表現するためには、適切な荷重条件を与えることは、適切な拘束条件を与えることと同じくらい重要です。

さて、荷重とは、第２章でも解説しているように「外力」です。ただし、一

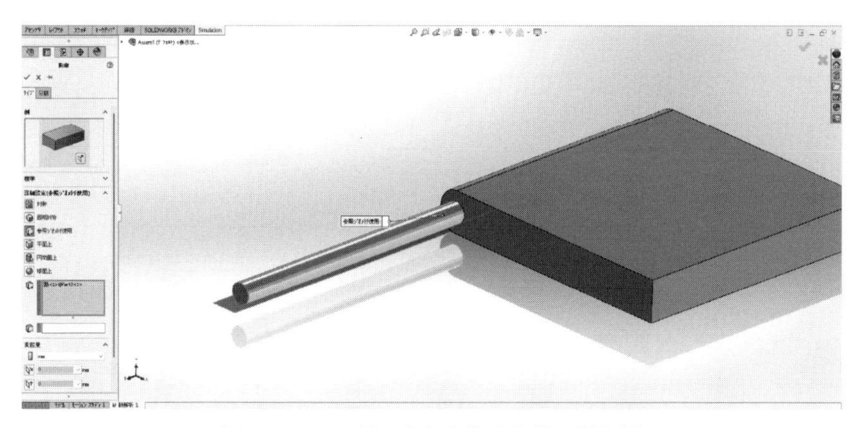

図 4.16　ヒンジのような拘束条件の設定例

口に「外力」といっても、単純な「100 N」という荷重の場合もあるでしょうし、幅広い領域にかかる力であれば圧力でしょう。自重であれば、地球の重力によって発生する力ですし、高速回転するものには遠心力がかかります。あるいは、ダムの壁のようなものには、水の水深に応じた静水圧がかかってきます。さらに外力には、まっすぐにかかる力だけではなくて、回転軸などに対してモーターなどからかかってくるトルクなどもあります。ちょっと考えただけでも、実に様々な種類の荷重があることがわかります。これらの荷重を適切に与えなければ、仮に計算はできても、解析の結果が不適切になることが容易に想像できます。

解析ソフトの観点から言うと、上記のどのような荷重の種類であったとしても、最終的には節点のある自由度に対する荷重でしかありません。たとえば、1 MPa の圧力がかかる場合には、その圧力がかかる面全体にある一つ一つの節点に対して、一つの節点が受け持つ適切な値を等価節点力として与える必要があります。ちょっと考えただけでも面倒くさそうですね。しかし、実際の解析ソフト、特に設計者CAEのソフトの場合には、拘束条件と同様に節点を意識する必要はありません。荷重が作用するソリッドの面やエッジ、あるいは頂点に対して与えてやれば大丈夫です。

また、多くのソフトにおいては、「力」、「圧力」、「遠心力」、「自重」など、日常的に使用する荷重の種類で入力できるようになっています。そのため、その荷重の種類の選択さえ間違えなければ、妥当な荷重を与えることができます。ただし、荷重の表現方法は使用するソフトによって異なる場合があるので、特に使い慣れない荷重は、内容をよく確認して使用することが重要です。

ここであらためて、解析においてよく使用する荷重の種類を示しておきます。

力

力とは物体の状態を変化させるための物理量を示すものです。ある力をかければ、その物体が何らかの形で変形するわけですね。日常的には、10 kg の力をかけて曲げたというような言い方をしますが、前述の通り、シミュレーションで使用する SI などの単位系においては、N（ニュートン）で表します。

圧力

「力」は、ある物体の一点というような、狭い限られた領域に集中して載荷されるだけではありません。物体全体に対して荷重がかかることも考えられます。たとえば、潜水艇などは、周囲 360 度すべてから水圧がかかってくるわけです。そのような場合の荷重は、荷重がかかっている表面に対して垂直にかかっていると考えます。単位面積あたりの力で示し、そのような力を「圧力」と呼びます。そのため圧力の単位は、SI であれば「N/m^2」で表示されますが、Pa（パスカル）という単位でも表現されます。

重力

本来私たちは、地球という重力が働いている場所で作業をしていますので、すべてのものには自重がかかっています。そのため、小さくて軽いものであれば自重を無視できても、大きくて重たいものだと自重だけで大きくたわむこともあるので、無視できません。その際に使用するのが自重です。

一般に解析ソフトにおいて自重を入力する場合には、重力加速度と使用する材料の質量密度が必要となります。重力加速度は地球の地表面なら9.8 m/s^{2}です。質量密度は単位体積当たりの質量です。体積は3DCADでモデリングしていればわかりますので、そこに質量密度をかけると質量になります。それにより定義した重力加速度と質量をかけて求められた自重が計算に使用されます。

多くの設計者CAEの荷重のメニューには、ベアリング荷重やリモート荷重、静水圧、遠心力なども個別のメニューとして用意されているものも少なくありません。ただし、それらはどれも本質的には、前述の力や圧力、重力などと本質的には変わらず、荷重のかけ方を内部的に変えているだけなので、ここではそれらの詳細は割愛します。

3）複数の部品が接触するときの接触条件

基本的には、ここまで説明した荷重条件と拘束条件で計算はできますが、他にも境界条件に相当するものがあります。それが、「接触条件」です。

機械などの製品では、部品が1つしかないことはほとんどなく、2つ以上の部品が組み合わさっています。部品同士が接している環境では、必ず何らかの形での「接触」が生じています。「接触」自体は材料力学で扱う項目ではないのですが、解析ソフトを扱う場合には、部品1つだけの解析だけではなくて、アセンブリとしてシステム全体を解析することも珍しくありません。そこで、ソフトで解析をする場合には避けて通れない「接触」についてお話をします。

本来、節点を共有していないボディ同士は、お互いに何も関連性がないので（剛性マトリクスに関係性を表現する項がない）、何もしないとボディはお互いを認識せずにすり抜けてしまいます。そのため、詳細は省きますが、ボディの表面の要素の節点、あるいは面の間に接触を認識するような関係付けを行う接触の処理を設定します。

接触処理は、基本的には一度外表面どうしが接触したら、そのまま接着したようにセパレーションしない設定と、力の向きによって分離することを許す設定のいずれかになります。ただし、細かい設定によって、分離せずに、しかし固着するわけではなくお互いを滑るような設定にすることや、あらかじめ干渉しているような状態を干渉しない状況に戻す焼きばめのような設定も可能です。設計者CAEの場合には、細かな設定なしに、オプションを選択するだけで現実の状況に合わせた接触条件を選ぶことが可能です。

接触条件の例をいくつか示してみましょう。たとえば、**図4.17**のように２枚の板を重ねて、上側の板だけの先端に上側の荷重を与えてみます。接着の場合には、**図4.18**のように２枚の板は完全に接着剤で接着されたがごとく、くっついたままあたかも１枚の板としての挙動になります。分離の場合には接着しているときには互いにぶつかっていることを検知しますが、離れていく挙動では**図4.19**のように別々の板としての挙動になります。

接触に関して、スライドやシュリンクフィットなどの個別のメニューを用意する設計者CAEも少なくありません。ただし、基本的には内部的に剥離を抑えながらスライドできたり、接触の貫通距離などのパラメータを内部的に操作して別メニューとしていたりするだけです。本質的にはここで説明した接着と分離のみなので、ここではそれらの接触メニューについての説明は割愛します。

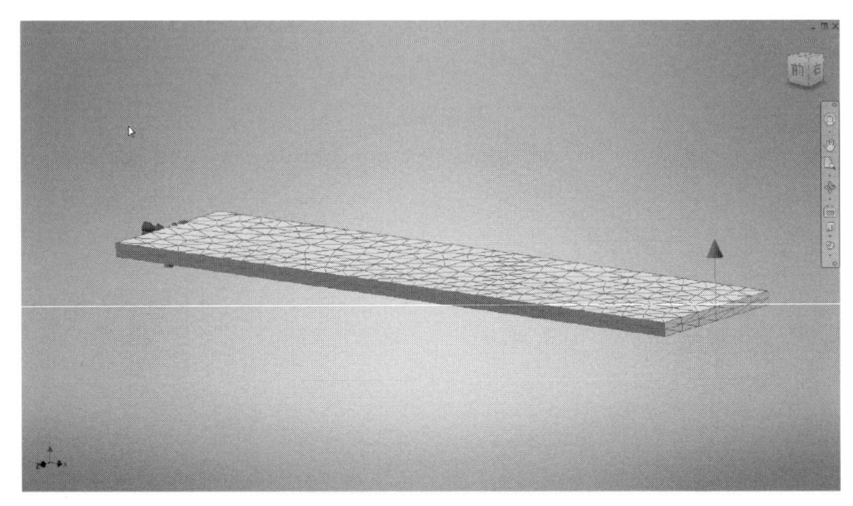

図4.17　２枚の板が重なって配置されている例

図 4.18　2 枚板の接触条件を接着にして、上の板の先端に上向きに荷重をかけた例

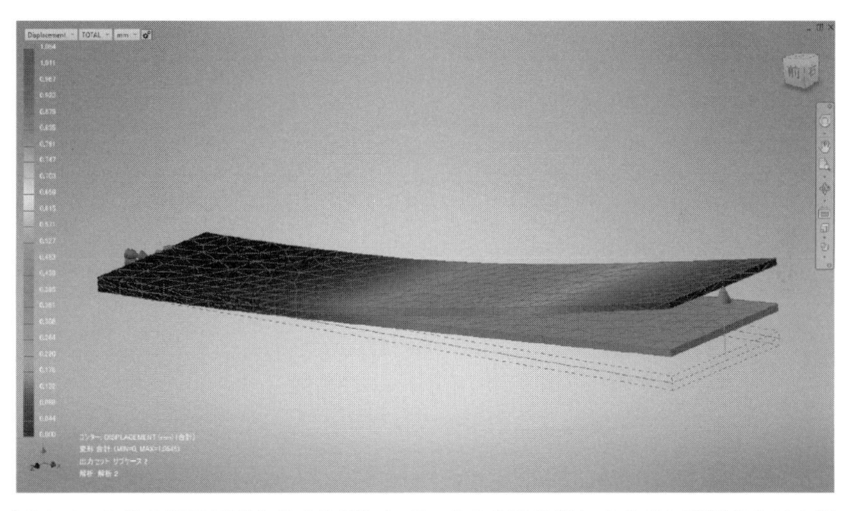

図 4.19　2 枚の板の接触条件を分離にして、上の板の先端に上向きに荷重をかけた例

部品の干渉と接触

アセンブリモデリングを行っていると、注意しても発生してくる問題として部品どうしの「干渉」があります。干渉したままでは実際の製品になってから

もうまく部品が組み合わせられないなどの問題も生じてくるのですが、解析においても問題が生じる恐れがあります。それは特に接触が絡むような問題です。

解析における接触処理は、部品表面のメッシュの外側の節点やセグメント同士で、接触判定や接触処理を行っています。干渉とは、最初から部品の表面同士が相手方に食い込んでしまっている状態です。そのため、状況によってはうまく処理ができないこともあり得ます。特にアセンブリの解析を行う際には、解析に進む前に必ず干渉チェックを行ってください（図 4.20）。干渉チェックを行えば、どこが干渉しているか一目瞭然ですので、確認されたら必ず解消しておきましょう。

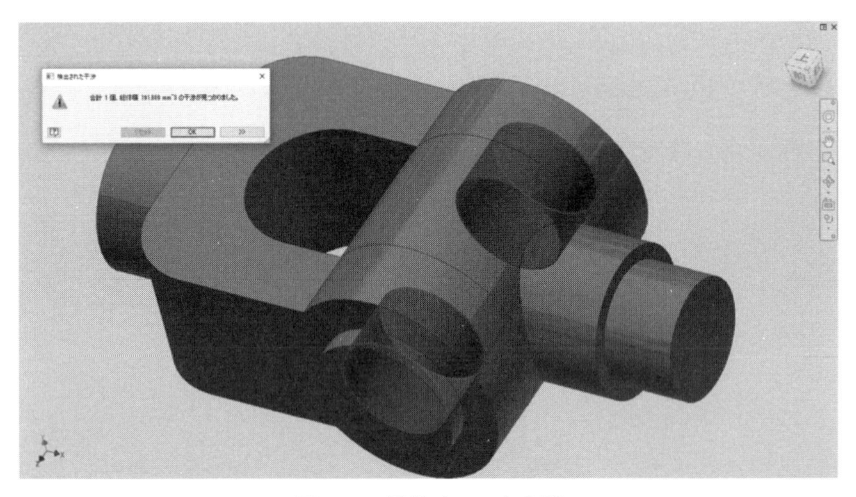

図 4.20　干渉チェックの例

4）実物とシミュレーションと理論解

シミュレーションの結果の妥当性の検証は、基本的には理論解との比較か、現物の試験などの結果との比較で行います。しかし、現実には、それらの比較が難しいことが多々あります。理論解との比較には、材料力学の式との比較の場合には、検証できるのは簡易な形状のモデルか、教科書的なモデルにまで単純化できるケースに限られると考えられます。

また、中途半端な理解で理論解を使用すると、実はその理論の想定とシミュレーションモデルが異なっていることに気がつかない場合があります。あるいは、境界条件などの設定は間違っていないが、要素の粒度など有限要素法特有のその他の条件が不適切な場合も存在します。

中途半端に理論解と照合してしまうと、本来は妥当なシミュレーションで、細かな条件のチューニングで適切な解答が出せるのに、シミュレーション自体が不適切という判断をするかもしれませんし、逆に、設定が不適切なのにたまたま解答が理論解に近かったということがありえます。しかし、これらのことに注意ができれば、数値のオーダーや傾向の妥当性などは比較的合わせやすいと考えられます。

一方で、現物の比較はこれとは違う難しさがあります。それは、シミュレーション自体が様々な誤差を含む可能性があるのと同様に、試験、あるいは現物も様々な誤差を含むものであるということです。仮に試験の状態を完全に再現できたとしても、使用している材料の品質、測定器の精度、設定や試験の実施における人為的なミス、周囲の環境の変化などで、同じ試験をしているにも関わらず、極論すると毎回結果が違うこともありえます。

それらすべてが十分に妥当にできていると仮定すると、次に試験や実物の条件が本当にシミュレーションで再現できているのかを考える必要があります。材料力学的な境界条件は、現実と比べて非常に単純化されたものです。ゆえに、現物との違いは容易に発生することが考えられます。たとえば、理論解とシミュレーション解が比較的よい一致を見ているにもかかわらず、試験の結果とは大きく違うのであれば、シミュレーションで用いている境界条件を見直したほうがよいことも考えられます。

4.4　境界条件を設定して結果を確認しよう

それでは、ここまで説明してきた内容を踏まえて、解の比較をしてみます。最初にシミュレーションと理論解を比較しましょう。

板の留め方の状況から、単純支持よりも完全固定のほうが実モデル（ここでは解析のアセンブリモデル）により近いという想定をして、板の全体の長さから両端を抑えている領域の長さを引いた正味の板の部分のみをモデル化し、その両端の断面に全自由度拘束の境界条件を与えました。まず、解析の解と理論解を比較してみたいと思います。

たわみ量の理論解は、0.5669 mm と求められましたが、この値を解析解と比較してみたいと思います。結果としては**図 4.21** のように、板の中央部がマイナスの Y 方向（下方向）に 0.5558 mm と求められましたので、理論解と比較してみると、差分が 0.011 mm です。理論解を基準にして誤差を確認してみると約２％弱の誤差となり、これは十分に近い値と考えて差し支えないでしょう。実は、この誤差はメッシュの粗さなど有限要素法に起因するものの他に、梁のたわみ量の理論解の式では考慮されていない、せん断による変形も関係しているのですが、ここではその誤差は割愛することとして、十分に近い値とします。

このことから、もし完全固定条件による拘束条件の設定が妥当だとすると、解析解も理論解も近しい値なので信用してよさそうです。

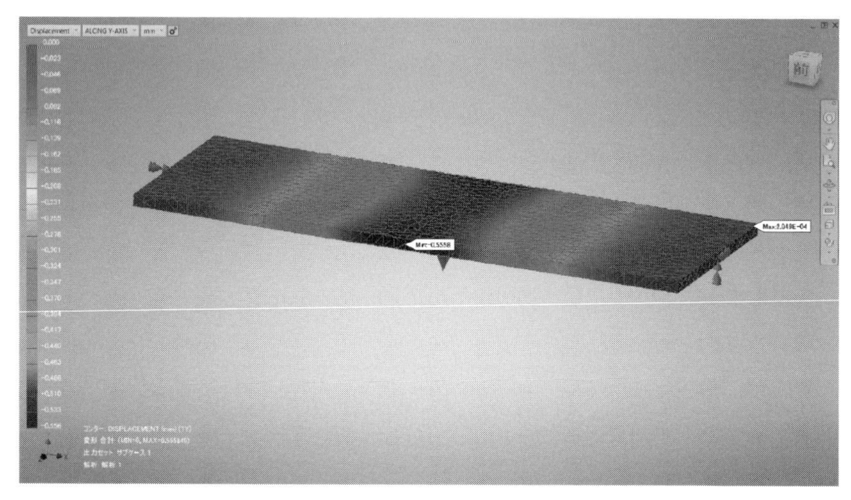

図 4.21　Y 方向の変位量の最大値：0.5558 mm

シミュレーションによる解：0.5558 mm
材料力学による理論解：0.5669 mm

ぴったりと一致はしていませんが、実用上は十分に合っているといえるでしょう。ちなみに、単純支持の場合には、たわみ量が2.313 mmになりますので、単純支持は今回のモデルの場合にはふさわしくないと考えられます。

アセンブリを組んで締め付けトルクを考慮したボルト締めを再現したモデルの場合には、中央部のたわみ量が0.551 mmとなっています。このことからも、アセンブリを再現せずに板のみで解析を行う場合には、今回のケースでは完全固定条件が妥当であると考えられます。

念のため、単純支持の結果も見てみましょう。シミュレーションの結果は**図4.22**のとおりです。2.313 mmと理論解の2.268 mmよりも若干大きめに計算されていますが、同等の値であることが確認できています。いずれにしても、完全固定の場合と比較すると4倍以上の値になっています。つまり、どちらの境界条件を取るのかで、実際のモデルに近い値を求めることができるのか、でき

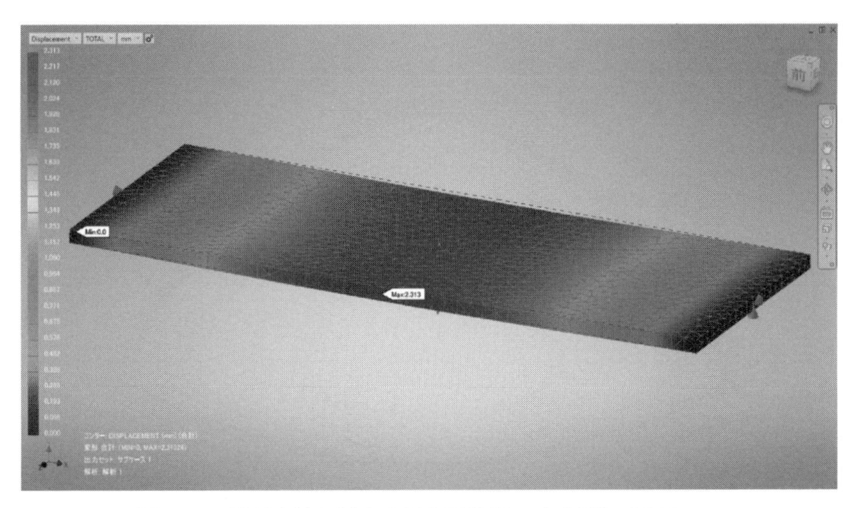

図4.22　単純支持の場合の最大変位量：中央部に2.313 mm

ないのか、境界条件が大きな影響を持っていることがわかります。

最後に、どちらがより、実際のモデルを近似しているのかを見てみたいと思います。実験のような実モデルがあるとよいのですが、そのモデルがないので、ここではより現実と近いと思われる、この章の最初に示したアセンブリモデルの解析結果と比較します。図4.23は、脚の部分と上から押さえつけている板は合金鋼製で、それを片側２本ずつのネジで締め付けて固定しているモデルになっています。押さえつけられている部分以外の板の両端では、単純支持よりも完全固定条件に近い状態と考えられます。実際に、完全固定条件で境界条件を設定したほうが、より現実を正確にシミュレートできたと考えられます。

あらためて本章を振り返ると、「境界条件」、特にこのケースで言えば「拘束条件」をどのように設定するのか、具体的にはたんに並進の動きを拘束するだけではなく、回転の自由度を許容するのかしないかなども、どちらがより現実の条件に近いのかに影響してきます。これらを丁寧に見ていくことが、精度のよい解析の肝になることがわかります。

図 4.23　最大変位量：中央部に 0.551 mm

第5章

シミュレーションにおける物体の挙動と材料物性値

5.1 【解析例】大型テレビ相当の荷重で大きく変形した台を直したい

まずは解析の例から始めましょう。形状は、**図 5.1** のとおりごく簡単なバルサの板で板状の脚2枚に支えられているものを考えます。この板の中央に80インチで約 60 kg の重さの大型テレビを想定した荷重を載荷してみた結果から始めていきます。見た目にも非常に薄い板を使っているモデルなので、ちょっと非現実的な設計にも思えますが、まずは結果を見てみたいと思います。

●仕様
天板：1500 mm × 500 mm × t10 mm
脚：500 mm × 500 mm × t10 mm
材質：木製（バルサ材）

荷重は、テレビの脚が乗るであろう板の中央部の面積に、テレビを想定した荷重（約 600 N）を載荷しました。

Y 方向（垂直方向）の変位量を示した解析結果が**図 5.2** です。天板の中央部で 75 mm 以上たわんでおり、こんなにたわむテレビ台はどう考えても使いものにはならなさそうです。

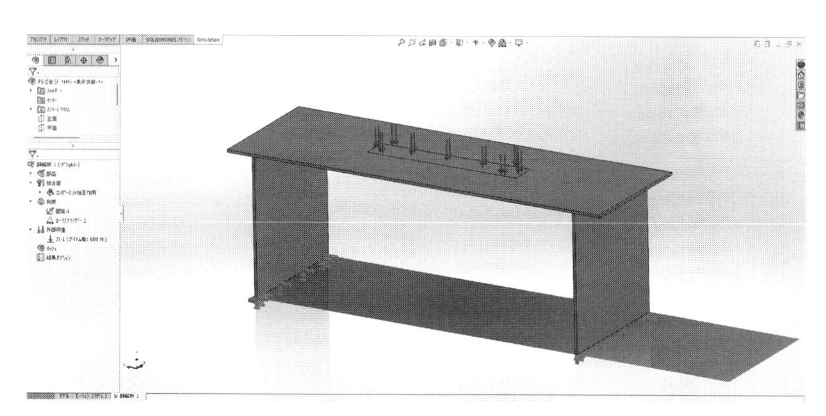

図 5.1　解析モデル

応力も確認してみます。発生している最大の応力は、**図 5.3** のとおり約 13 MPa と壊れるほどではなさそうですが、いずれにしても中心部が大きくたわみすぎるので失敗と考えて、改善を考えてみたいと思います。

大きくたわんでしまうのは、つまるところ曲がりやすいこと、言い方を変えると剛性がないことに問題があるわけです。剛性を高くすれば、板も大きく曲がることはなくなります。 剛性を高める方法は、二つ考えられます。一つは

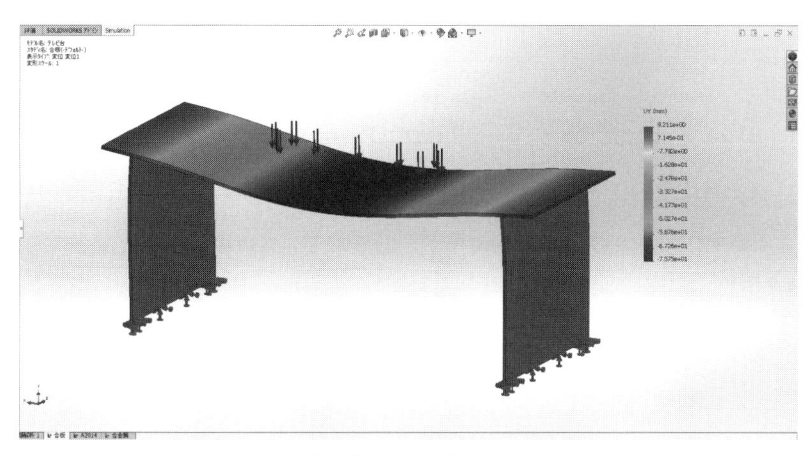

図 5.2　解析結果（変位量プロット）

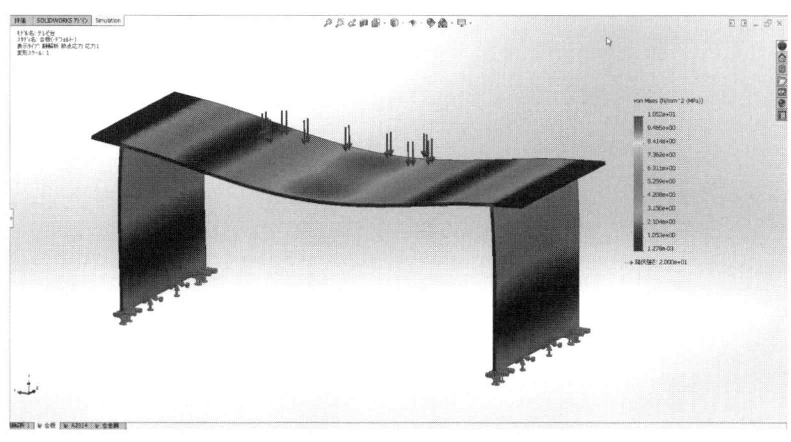

図 5.3　解析結果（フォンミーゼス応力プロット）

使用している板の板厚を増やしたり、筋交いのような構造を入れたりするなど、形状を変更する方法です。もう一つは、より剛性の高い材料を使用するなど、形状を変更することなく材料を変更する方法です。ここでは、材料を変更することにして、その材料について少し詳しく見ていきたいと思います。

シミュレーションを行う際に必要なものが「材料物性」です。解析したい部品の形に対して、それが硬いのか柔らかいのか、強いのか壊れやすいのかなどが決まります。そのような性質をどのように設定すればよいのか考えます。

5.2　そもそも材料物性とはなにものなのか？

材料の特性と言っても、言葉だけでは漠然としていますね。材料の性質は様々な側面から示すことができますが、基本的な強度計算を解析ソフトでやる場合には、実は以下に示す６つ程度の情報があれば、ほとんどの計算を進められます。それも、６つすべてが常に同時に必要というわけでもありません。感覚的に言えば、その材料は硬いのか柔らかいのか、あるいは曲がりやすいのか曲がりにくいのか、壊れやすいのか壊れにくいのかということだと思いますが、その曖昧なものを数値で表すのが以下に示す物性値です。

1）ヤング率（縦弾性係数）

強度計算などを行う際に、他のどの数値がわからなくてもこれだけは絶対に必要という値が「ヤング率」と呼ばれる物性値です。ヤング率とは縦弾性係数とも呼ばれますが、簡単に言えば、その物体がどのくらい変形しにくいのかを示す値です。たとえば、長さ１m、幅が10cm、厚さが２mmの板が２枚あったとします。ただし、１枚は鉄でできていて、もう１枚はABSというごく一般的なプラスチックでできているとします。

さて、この２枚の板に同じ荷重をかけたとき、どちらがよく曲がるでしょうか。おそらく、多くの人は鉄の板よりもプラスチックの板のほうがよく曲がると答えるのではないでしょうか。そして、その直感的な答えは正しいのです。

この曲がりにくさ、曲がりやすさはヤング率で表現することができます。たとえば、合金鋼のような鉄をベースにした合金の場合、ヤング率は約210000 MPa前後の数値になります。ABSの場合には、ヤング率は約2000 MPa程度です。ここからわかるのは、より硬くて曲がりにくい材料のヤング率の数値は大きく、変形しやすい材料のヤング率は小さいことです。実際、合金鋼のヤング率はABSの100倍も大きいことから、硬さがかなりあると考えられます。

荷重をかけて引っ張ったときと曲げたときのヤング率による挙動の違いは以下のようになります。引張りの場合には、断面が10 mm×10 mm、長さ500 mmの角棒を1000 Nの力で引っ張ります。片方は合金鋼（ヤング率210000 MPa）、もう片方はABS樹脂（ヤング率2000 MPa）です。曲げについては、片方を壁に固定して反対側の端点に下向きに10 Nの荷重をかけます。

まずは引張りの結果です。発生する応力は材料の物性値には依存せず、荷重と断面で計算ができますが、式(5.1)のとおりとなります。

$$\sigma = \frac{P}{A} = \frac{1000\ \mathrm{N}}{10\ \mathrm{mm} \times 10\ \mathrm{mm}} = 10\ \mathrm{N/mm^2} = 10\ \mathrm{MPa} \tag{5.1}$$

解析においても同様になっています（**図5.4**）。応力は10 MPaで一様です。

では変位量を確認してみましょう。まずABSの結果は**図5.5**のとおりです。

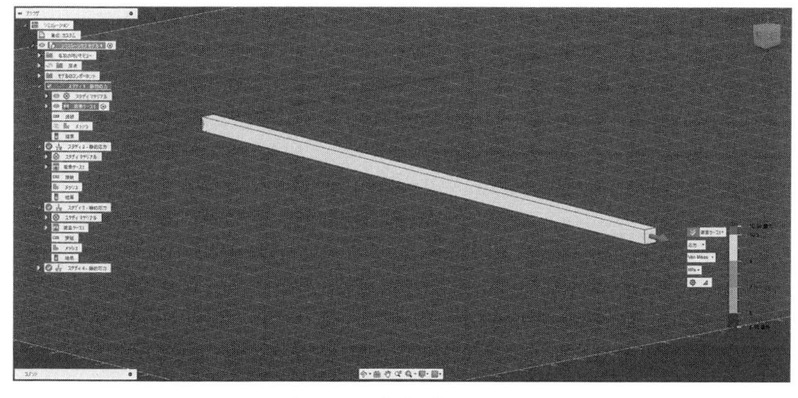

図5.4　応力プロット

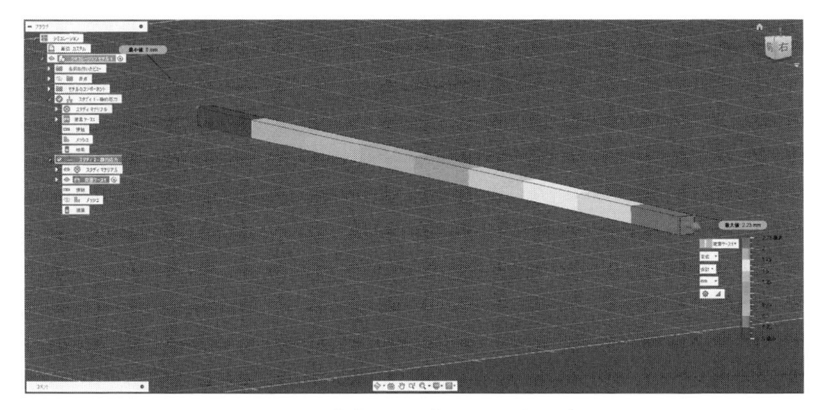

図 5.5　変位量のプロット（ABS）

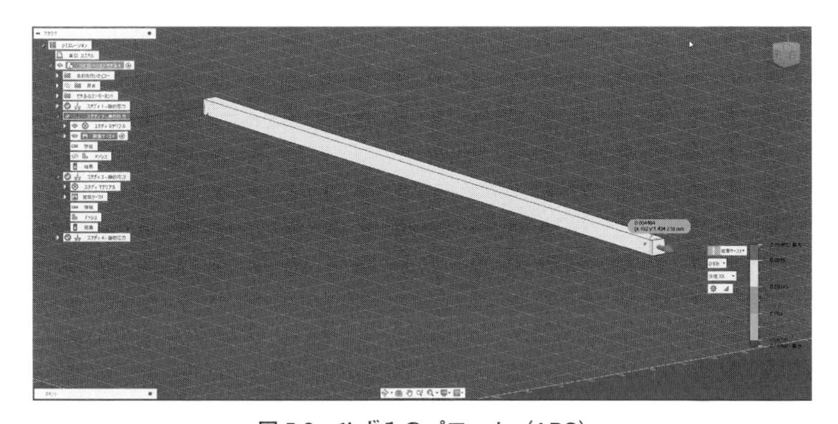

図 5.6　ひずみのプロット（ABS）

先端が荷重の方向に 2.23 mm 伸びています。ひずみも**図 5.6** で確認してみます。ひずみは一様に 0.004464 となっています。

材料力学の式から、ひずみは以下の式(5.2)で計算できます。

$$\varepsilon=\frac{\varDelta L}{L}=\frac{2.23}{500}=0.0046 \tag{5.2}$$

ということで、理論解と解析結果も一致していることがわかります。

ところで、応力とひずみは、ヤング率を介して以下の式(5.3)のとおりの関係が成り立っています。

$$\sigma = E\varepsilon \tag{5.3}$$

したがって、ひずみは応力とヤング率から以下の式(5.4)のように求められます。

$$\varepsilon = \frac{\sigma}{E} = \frac{10\ \mathrm{MPa}}{2240\ \mathrm{MPa}} \approx 0.0046 \tag{5.4}$$

こちらも解析解と理論解がほぼ一致しています。ここからわかるのは、応力は材料物性に依存しますが、変位やひずみはヤング率に影響されることです。ひずみを計算する際のヤング率は分母になりますから、ヤング率が大きいほどひずみは小さくなります。したがって、変位も小さいはずだと考えられます。

そこで、今度は合金鋼での結果を、**図 5.7** で見てみたいと思います。合金鋼では先端の変位量が0.002379 mmとかなり小さな値になっていることがわかります。では、ひずみはどうでしょうか？　こちらのひずみの値は、**図 5.8** のとおり 4.762E−5 となっています。こちらの値も変位量から計算した場合は以下の式(5.5)のとおりです。

$$\varepsilon = \frac{\Delta L}{L} = \frac{0.02379}{500} = 0.0000476 = 4.76E-5 \tag{5.5}$$

また、応力とヤング率から計算した場合は以下の式(5.6)のとおりです。

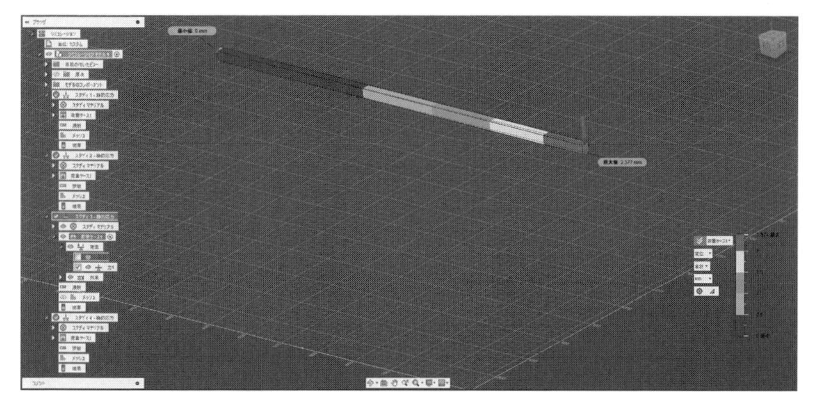

図 5.7　変位量のプロット（合金鋼）

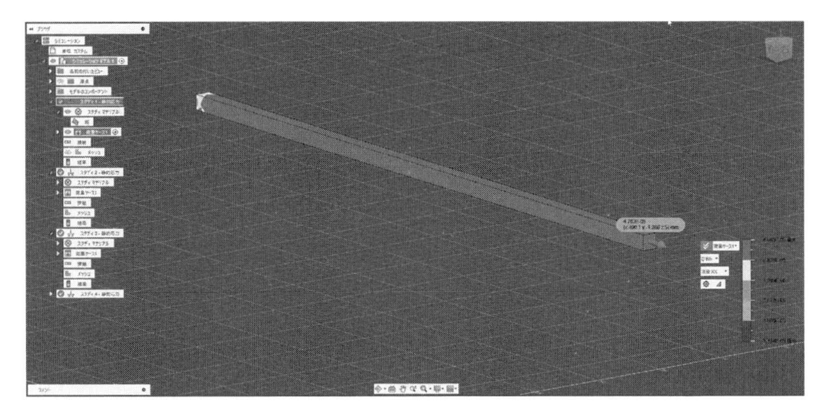

図 5.8　ひずみのプロット（合金鋼）

$$\varepsilon=\frac{\sigma}{E}=\frac{10\ \text{MPa}}{210000\ \text{MPa}}=0.00004762=4.762E-5 \qquad (5.6)$$

理論解どおりになっています。載荷した荷重と発生した応力が同じである場合、ヤング率が大きい材料、すなわち剛性が高い材料を選べば変形量は小さくなることが理解できます。今回は引張りで確認しましたが、曲げの力をかけた場合でも同じ傾向を確認することができます。

2）ポアソン比

材料の種類を問わず、多くの場合たとえばある板を横方向に引っ張ると、程度の大小はありますが、それと直交する縦方向には縮みます。元の長さに対してどのくらい長さが変わったのかの比率を「ひずみ」と言い、縦方向のひずみの量と横方向のひずみの量を比較して求められた数値が「ポアソン比」です（**図 5.9**）。ポアソン比に関しては、私たちが日常的に使用する材料は、おおむね 0.3 を中心に 0.2 から 0.4 の間に分布していることがほとんどです。

以下は、長さ 100 mm、幅 20 mm、厚さ 1 mm の板の片方を固定し、もう片方に 1000 N の引張り荷重をかけた例です。板のヤング率は 200 MPa という低い値を定義して変形しやすくしています。同じ荷重で引っ張ったときの変形の違いの様子を、ポアソン比を変えながら比較してみたいと思います。

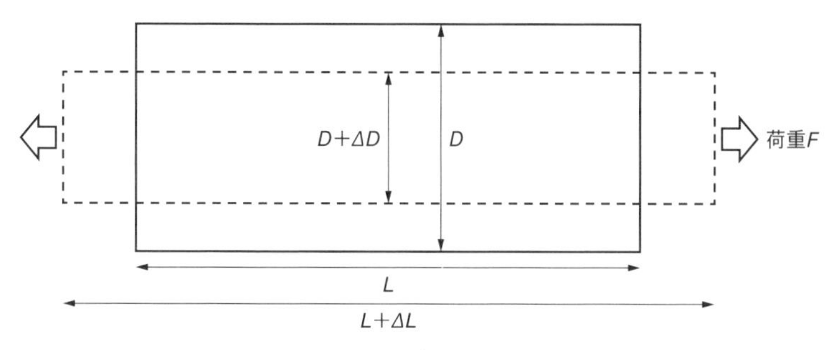

図 5.9　ポアソン比

最初にポアソン比が 0.3 の場合です（**図 5.10、5.11**）。合金鋼やアルミ合金など多くの身近の材料が、この付近のポアソン比を持っています。ポアソン比は、縦ひずみと横ひずみの比で以下の式(5.7)のように計算できます。

$$\nu = -\frac{\Delta\varepsilon'}{\Delta\varepsilon} \tag{5.7}$$

したがって、この材料の場合は式(5.8)のようになります

$$\nu = -\frac{-0.075}{0.25} = 0.3 \tag{5.8}$$

図 5.10　ポアソン比 0.3 の材料を水平方向に引っ張ったときの X 方向（水平方向）のひずみ　0.25

図 5.11　ポアソン比 0.3 の材料を水平方向に引っ張ったときの Z 方向（垂直方向）のひずみ　−0.075（点線が元の形）

ポアソン比の設定に沿ったひずみになっていることが確認できました。このポアソン比の値は、理論上は以下の式(5.9)のとおりになります。

$$-1<\nu<0.5 \tag{5.9}$$

ポアソン比は以下の式(5.10)に示すように、ひずみエネルギー関数が正規値になる値でなければなりませんが、その条件が上記を満たす場合であるためです。

$$U_0=\frac{E\nu}{2(1+\nu)(1-2\nu)}(\varepsilon_x+\varepsilon_y+\varepsilon_z)^2 + G\left\{(\varepsilon_x{}^2+\varepsilon_y{}^2+\varepsilon_z{}^2)+\frac{1}{2}(\gamma_{xy}{}^2+\gamma_{yz}{}^2+\gamma_{zx}{}^2)\right\} \tag{5.10}$$

ポアソン比の理論上の上限である 0.5 に近い材料としては、ゴムなどの非圧縮性材料があげられ、解析においては 0.49 などの値を使用することが一般的です。なお、ポアソン比が 0.2 を下回る材料は、身の回りにはあまり多くありませんが、コルクなどがほぼ 0 とされています。**図 5.12、5.13、5.14、5.15** に、先ほどと同じ条件でポアソン比のみを変えた例を示します。

図 5.12　ポアソン比 0.49 の場合の縦ひずみ　0.25

図 5.13　ポアソン比 0.49 の場合の横ひずみ　−0.1225

図 5.14　ポアソン比 0 の場合の縦ひずみ　0.25

図 5.15　ポアソン比 0 の場合の横ひずみ　ほぼ 0

3）質量密度

実は強度計算においては、質量密度は必ずしも必要ではありません。荷重がかかったときに、その物体がどのくらい変形するのかは、ヤング率とポアソン比さえあればわかるのです。質量密度は、その物体が自重でどのくらいたわむのかを見たい場合、あるいは回転する物体の遠心力を考慮した計算をしたいなどの場合に必要となります（図5.16）。

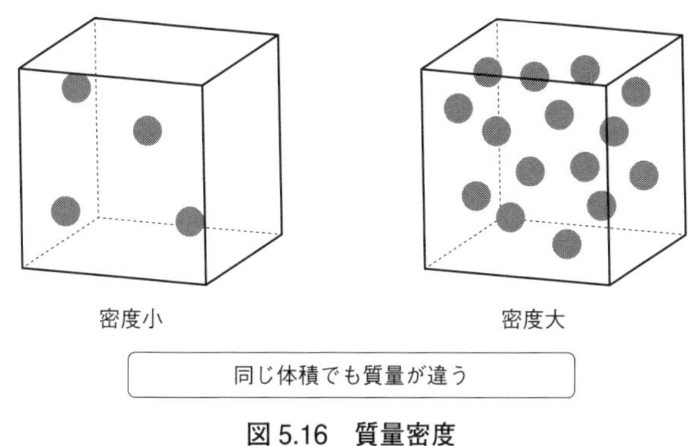

図5.16　質量密度

自重による荷重は、その物体の質量と重力加速度から計算します。物体の質量はその物体の体積に質量密度をかけたものになります。体積は、3DCADなどで形状を作っているのであれば自動的にわかりますので、そこに質量密度を入力してやれば計算できます。自重などを考慮にいれないのであれば、この値はなくても構いません。

なお、質量密度の単位は、SIの場合には、kg/m^{3}ですが、製品設計においては長さの単位にmmを使うことが一般的です。その場合には質量密度の単位はt/mm^{3}になるので注意が必要です。

4）強度（降伏強度、最大引張強度）

「強度」とは、その物体がどのくらいの力に耐えられるのかを示すための強さの度合いです。たとえば、太い鉄の棒があったとします。その棒を両側から思いっきり引っ張っても千切れることはないでしょうし、大男が二人で引っ張ってもさして違いはないでしょう。しかし、それを強力な機械で引っ張ってやれば（実際、引張り試験機がそのようなものですが）、ある程度の力がかかったところで、明らかに変形して伸びはじめ、そして最後に破断してしまいます（**図 5.17**）。このように引っ張る力をかけ続けて、最後に破断したときの強度を「破断強度」とか「引張強度」などと言います。言い換えると、それ以上の力を加えてもこの物体は耐えられずに破断してしまう、ということになります。

鉄やアルミなどの材料の多くは、ある程度の引張りの力を加えると多少伸びますが、力を緩めれば元の長さに戻ってしまいます。引っ張るのだと少しわかりにくいかもしれませんが、たとえば、薄い金属の板の片方を固定して、反対側に板を曲げるような荷重をかけたとき、少しの力であれば力を除荷したときに板は元の真っ直ぐな状態に戻ります（板バネを想像してみてください）。

しかし、非常に大きな力を加えると、板に折れ目がついてそのままになってしまいます。つまり、永久に残る変形が起きたことになります。多くの金属などの材料では、力をかけ続けて破断に至る前に、永久的な変形が生じているのです。そのような永久変形が生じる状態を「降伏」と言い、その降伏が発生し始める強度を「降伏強度」と言います。

機械の設計などにおいては、破断強度よりも降伏強度を強度の指標として用いることが多いのです。機械部品などでは、破断などが生じなくても元の形状

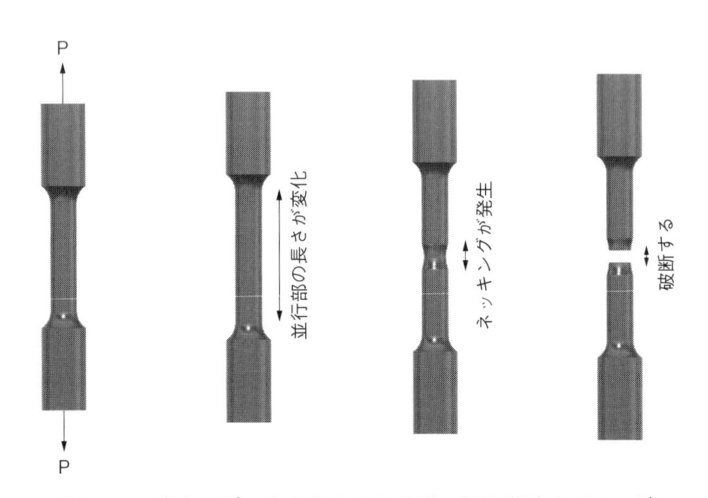

図 5.17　強度のデータを得るための引っ張り試験のイメージ

が永久的に変形してしまっては、その部品は当初の機能を果たすことができなくなってしまいます。つまり、その部品が降伏すれば、壊れたと判断できるのです。したがって、降伏強度を強度の指標として用いることが妥当と言えます。

部品設計の強度解析などにおける線形は、強度そのものは物体の変形などの計算には用いません。対象となる物体に荷重をかけた結果として、その物体の内部に発生した「応力」と比較する形で用います。物体の内部に発生した応力のうち最大のものが、その材料の降伏強度と比較して小さいのか、大きいのかという形で用いられます。

そのため、強度の単位は応力と同じ単位になります。たとえば、ある材料に荷重をかけて発生した最大の応力が 100 MPa だとして、その材料固有の降伏強度（降伏応力とも言います）が 250 MPa であれば、その材料は降伏しないということになります。

5）線膨張係数

この値は、強度計算にいつも必要な物性値ではありません。というよりも、純粋に機械荷重の計算のみであれば必要のない物性値です。ただし、多くの 3D CAD で用意されている物性値の材料データベースを見てみると、ほとんどの主要な材料ではすでに用意されているので説明します。

この数値は、熱や温度の変化を考慮した計算が必要な場合に必要になります。というのも、ほとんどの物体は、温度が上がれば伸びますし、温度が下がれば収縮します。たとえば、その物体が板として周囲を固定しているとします。その物体を冷やせば、板は全体として収縮しますが、周囲が固定されているため縮むことができずに、結果として引っ張られた状態と同じになります。

このとき、どのくらい伸びるのか、あるいは縮むのかは材料固有の性質ということになります。温度が 1 度あたりどのくらい伸び縮みするのかを示す量が線膨張係数です（熱膨張係数ともいいます）。単位は「/K（ケルビン）」や「/℃（摂氏）」で、これに温度をかけて熱ひずみの量を計算します。ひずみがわかれば、次の応力・ひずみ曲線の関係から応力も求められます。

6）応力・ひずみ曲線（SSカーブ）

応力・ひずみ曲線は特定の物性値そのものではないので、ここに分類してしまうのは妥当ではないかもしれませんが、ここまで示してきた物性値の関係を示すのにわかりやすいので、説明したいと思います。また、この曲線を見ることで、先ほど説明した強度についてもイメージしやすくなると思います。

以前の章で、応力やひずみの定義について解説をしました。応力は外側から荷重をかけた際に、その物体の内部に発生する内力です。荷重をかければ、その荷重に対応する一意の応力が発生しますし、また伸び（あるいは縮み）の量も一意です。それはひずみの量も一意になるということです。ということは、応力とひずみは一対一で結び付けられることになります。それをグラフで示したものが、応力・ひずみ曲線というわけです。

典型的な応力・ひずみ曲線は**図5.18**のようになります。何も荷重がかかっていない状態が左端の原点の位置になります。荷重をかけ始めると、応力、ひずみともに上昇し始めます。当初はある勾配をもって直線的に上昇していくことがわかります。このときの直線の勾配が「ヤング率」です。つまり、ある荷重の大き

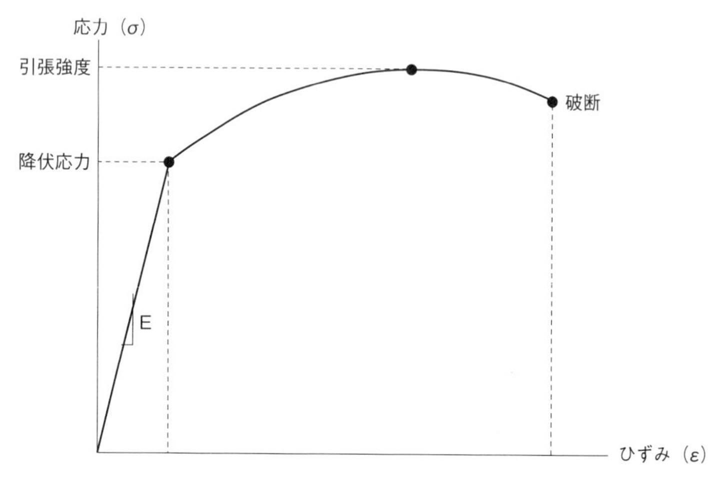

図5.18　弾塑性材料の応力・ひずみ曲線のイメージ

さまでは、応力とひずみはヤング率を介して比例の関係にあると言えるのです。

この直線の最上部の点から急にこの関係が壊れて、少し寝た曲線が伸びて、最後には破断します（実際の試験データはこのようなきれいなカーブではありません。ここでは、わかりやすいように簡略化しています）。この直線が終了するところが、降伏が始まるところで、一般にこの点を降伏点と呼び、またそのときの応力を降伏応力と呼びます。ここから永久変形が始まるのです。降伏点から先の挙動は、金属加工などの成形の挙動をシミュレーションする場合には重要なのですが、部品設計におけるシミュレーションは、そもそも降伏してはいけない領域の挙動を見るわけなので、ここでは、荷重がゼロの状態から降伏点に達するまでの間を対象としてお話しします。この領域では除荷すれば元に戻るような変形をします。そのような変形は弾性変形と呼ばれ、応力・ひずみ曲線のこの領域は弾性領域と呼ばれます。

材料の剛性の高い低いも、この応力・ひずみ曲線を見ればわかります。材料の剛性が高いということはヤング率の数値が大きいということですから、直線部分の勾配も大きくなり、より垂直に近くなります。逆にプラスチックのように剛性が低い材料であれば、ヤング率の値は小さくなり、したがって直線部分の勾配は相対的に寝た状態になります（図 5.19）。

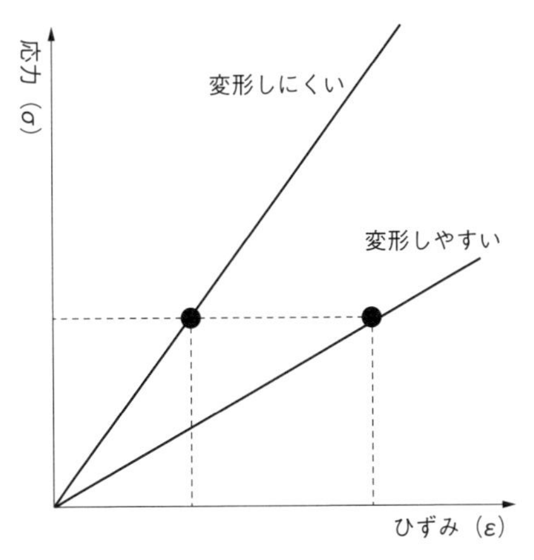

図 5.19　ヤング率の違いと変形のしにくさの関係

直線がより立っている状態は、大きな荷重がかかって応力が非常に大きな値になっていたとしても、ひずみがそれほど発生していない、つまり変形そのものもあまり発生していないことになります。逆に直線がより寝た状態ということは、仮に同じ応力の状態が発生したとすれば、かなり大きなひずみが発生している、つまり変形も大きい状態ということが想定されます。

合金鋼とプラスチックのように剛性が100倍も違うと、勾配もかなり違います。合金鋼の降伏応力に近い応力が発生した状態は、すなわち非常に大きなひずみが発生した状態と言えますが、現実的にはそんな大きなひずみが発生する前に壊れてしまうことが考えられます。そこからも、合金鋼と比較して、プラスチックの降伏応力や破断応力が小さいことが予想ができると思います。

ここまで理解したら、先程のシミュレーションの結果を見てみましょう。本当にこのシミュレーションのとおりにたわんでしまうとすると、とても使い物にならないテレビ台になってしまいます。しかしながら、あなたとしては、寸法は変えたくないし、このシンプルなデザインにこだわりたいので、なんとかこのまま進めたいとします。幸いなことに、建物の床の上にずっと置いておくものなので、台の板の重量はあまり問題にしないとします。

5.3　解析結果から設計を再検討しよう

今回の問題は、剛性の無さすぎる材料を使ったということでしょう。ちょっと見た目がよくて、軽そうな樹脂や木材でスタイリッシュに作ってみたというところでしょうか？　実際の設計でこんなことをする人はいないかもしれませんが、今まで金属を使用していた部品を樹脂に置き換えるということも最近は珍しくないと思います。筆者も本来であれば金属で作るところをあえて3Dプリンタ製の樹脂で作り、結果的には試作の強度試験の最中に予想通りに破断させてしまったことがあります（もちろん、その際はかなりシミュレーションを回しはしましたが）。重量やコスト、強度のトレードオフが課題になります。

さて、今回の問題は板の剛性がなさすぎたことです。なにしろ厚さ10 mm程度のバルサですから、ヤング率も強度もありません。この板の剛性を上げる方法は大きくわけて2つあります。一つは、材料を同じまま板厚を増やすというものです。ただ、今回はどうも形は変えたくないようなので、この方法はとれません。となると、もう一つの方法は、材料を変えることになります。

材料を変えるにあたって、候補を2つ出します。一つはアルミ合金、もうひとつはステンレス鋼（合金鋼）です。一口にアルミ合金や合金鋼といっても種類は様々あるので、代表的な値を使います（今回の目的ではそれで十分な精度です）。これら3種類の材料物性を一覧として示すと**表 5.1** のとおりです。これらを使って得た解析結果は**図 5.20、5.21、5.22、5.23** のとおりです。

表 5.1　今回使用した材料の物性値一覧

・アルミ合金と合金鋼と合板

	アルミ合金（A2014）	合金鋼	バルサ
ヤング率	73000 MPa	210000 MPa	3000 MPa
ポアソン比	0.33	0.28	0.29
質量密度	2.8E−9 t/mm^3	7.7E−9 t/mm^3	1.6E−10 t/mm^3
降伏強度	96.5 MPa	620.4 MPa	20 MPa
引張強度	165.4 MPa	723.8 MPa	

（注）SOLIDWORKS Simulation における材料ライブラリの値を使用

今回の問題は、最初のモデルではテレビ台として使いものにならないほど変形量が大きいということでした。まったく形状や構造を変更せずに、材料の変更のみで改善したいということでしたので、方向性としては剛性を高くする、言い換えるとヤング率を高くするという方向性で考えてみることにしました。

A2014 合金の場合には元の 24 倍のヤング率、合金鋼の場合には元の 70 倍のヤング率なので、どちらを使用しても大きな改善が見込めるはずです。実際に変位量としては実用上問題のない値にまで改善しました。

この場合にもう一つ注目すべきはテレビ台の重量です。質量密度を比較するとわかりますが、合金鋼の質量密度は、A2014 合金の 2.75 倍あります。つまり、同じ体積なら、重さも合金鋼製のものがA2014 合金製のものより 2.75 倍重たくなります。質量密度ベースで言えば、すでにアルミ合金製のものでも、元のバルサの 17.5 倍あります。いくら重量を気にしないとは言っても、軽いほうが都合がよいと考えたとき、A2014 合金製の結果で得られた 2.63 mm の変位が問題なければ、アルミ合金製のものを使用したほうがよいと考えられます。

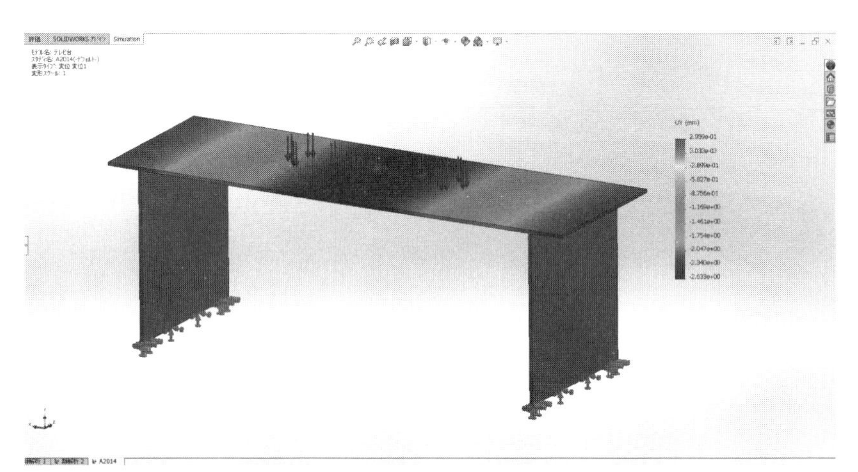

天板中央部における最大のY方向変位量　2.63mm

図 5.20　アルミ合金を使用した際の変位量プロット

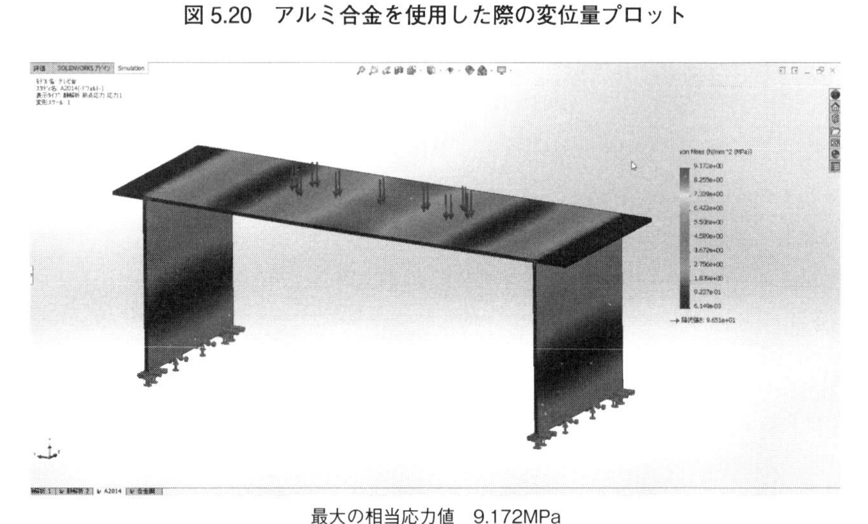

最大の相当応力値　9.172MPa

図 5.21　アルミ合金を使用した際のフォンミーゼス応力プロット

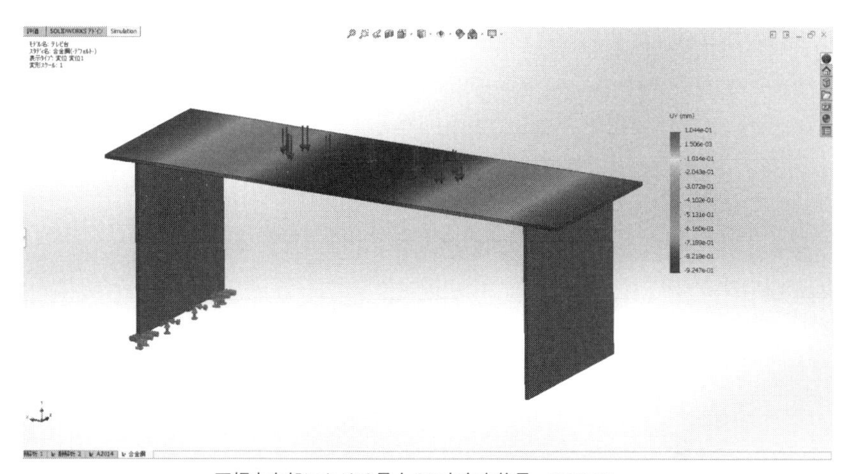

天板中央部における最大のY方向変位量　0.9247mm

図 5.22　合金鋼を使用した際の変位量プロット

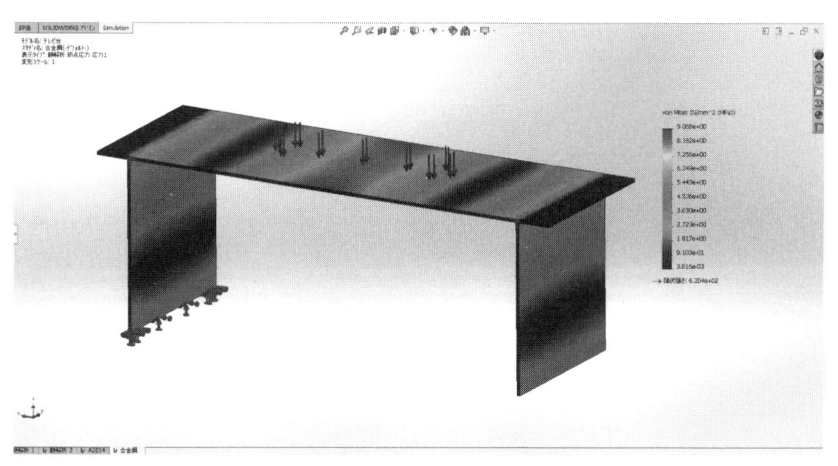

最大の相当応力値　9.068MPa

図 5.23　合金鋼を使用した際のフォンミーゼス応力プロット

強度の観点から見る場合には応力の値を確認することになりますが、今回はどちらの場合でも応力は 9 MPa 台ですし、元々の合板でも約 10.5 MPa です。そもそも応力値の場合はその形状と荷重に依存しますので、値自体はそれほど変わるものではありません。ただ、応力値が同じであったとしても、材料固有の強度と合わせて考えていく必要があります。

そこで、最後に安全率についても考慮してみましょう。多くの設計者CAEソフトでは、前述の降伏応力などを使用して、応力だけでなく安全率もデフォルトで表示できることが珍しくありません。解析ソフトにおける安全率の考え方は以下の式(5.11)で示されるようなシンプルなものです。

$$Factor\ of\ Safety = \frac{\sigma_c}{\sigma_a} \tag{5.11}$$

ここで、σ_cは基準応力、σ_aは許容応力です。解析ソフトにおいては、基準応力に相当するものは使用している材料の降伏強度（材料によっては引張強度）を使用し、許容応力には、解析の結果求められた応力が使用されます。そのため、応力分布と同様に安全率の分布も表示できます。つまり、同じ応力分布が求められたとしても、使用している材料の降伏強度や引張強度が異なれば、当然安全率も異なります。

この考え方からいくと、設計上想定する最大の荷重をかけたときに部品中に発生した最大の応力が、降伏応力とイコールだとすると、その部品は壊れることが予想されます。想定する荷重で壊れる可能性があっては困りますし、実際の状況では予期せぬ操作などによってさらに大きな荷重がかかる場合もあります。したがって、想定する設計荷重に対して何らかの安全率を設けて設計をすることが一般的です。たとえば、安全率３で設計する場合には、発生する最大の応力が、降伏応力に対して1/3程度になるように設計します。最大の応力値を見ながら設計しても同じことですが、安全率プロットはそれ以上にわかりやすい指標なので、応力プロットと併用すると便利でしょう。

安全率は、その製品の用途や業界などによって様々ですので、一様にこれと決めつけることはできません。非常に大きな安全率が求められる製品や業界もあります。その一方で乗り物などは、安全性は重要であるものの、安全率を高くし過ぎては性能や燃費を悪化させる原因にもなりますので、安全率は単純に高くすればよいものではありません。高すぎる安全率は、過剰設計やコスト増などにもつながります。一般論として、**表 5.2** のような数字が参考とされることがあります。これは、アンウィンの安全率と呼ばれる古典的な安全率です。経験論的なもので、現在では必ずしも推奨されるものではないようですが、指標としての参考になるかもしれません。

表 5.2　アンウィンの安全率

材料	静荷重	繰り返し片振り荷重	繰り返し両振り荷重	衝撃荷重
鋼	3	5	8	12
鋳鉄	4	6	10	15
銅・軽金属	5	6	9	15
木材	7	10	15	20

実際に筆者も製品開発のシミュレーションでは、たとえばごくまれに発生する衝突などで破損が生じないようにする場合、使用する材料にもよりますが安全率 15 などを見込んで結果を確認し、設計に反映させることがあります。

一方で鋼などを使う場合で、静荷重想定で部品全域にわたって安全率 15 以上の分布が確認される場合には、過剰設計の可能性があるかもしれません。また、応力の高い部分は安全率が 3 から 4 だが、広い領域にわたって非常に高い安全率が確認される場合には、肉抜きなどをおこなって軽量化ができるかもしれません。このように安全率プロットを参考にした設計改善も考えられます。

最後に、これらのことを踏まえて、テレビ台の安全率を見てみたいと思います（**図 5.24、5.25**）。先ほどの古典的な安全率を参考にすると、アルミを使う場合には明らかに強度がありすぎますし、一方でバルサの場合には安全率が小さすぎます。つまり、当初のバルサから材料を変更して、たわみ量を小さくするのであれば、今度は強度がありすぎる台になってしまいますので、肉抜きなどを行って、たわみ量をおさえつつも軽量化をはかるオプションが考えられます。材料はバルサのまま改善を行う場合には、たわみ量が大きすぎ、また強度面でも安全率が不足しているので、肉厚をはじめとする寸法を大きくして改善をはかることが必要です。

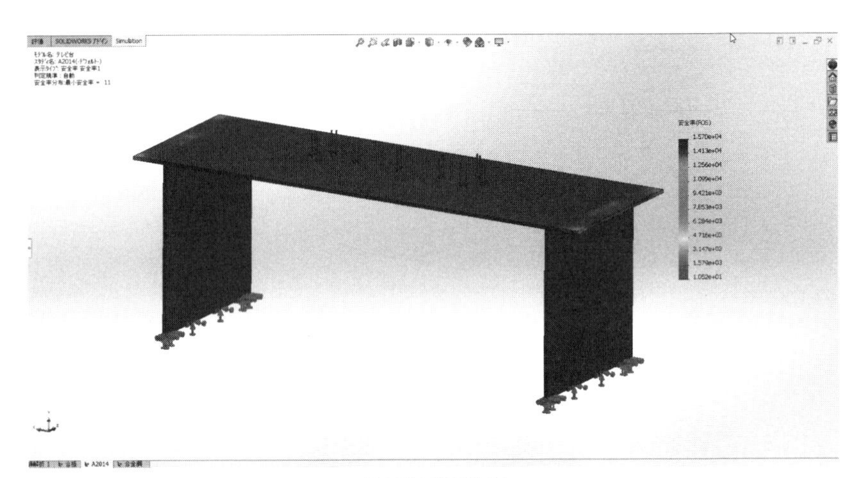

最小安全率が約11

図 5.24　アルミを使用した際の安全率プロット

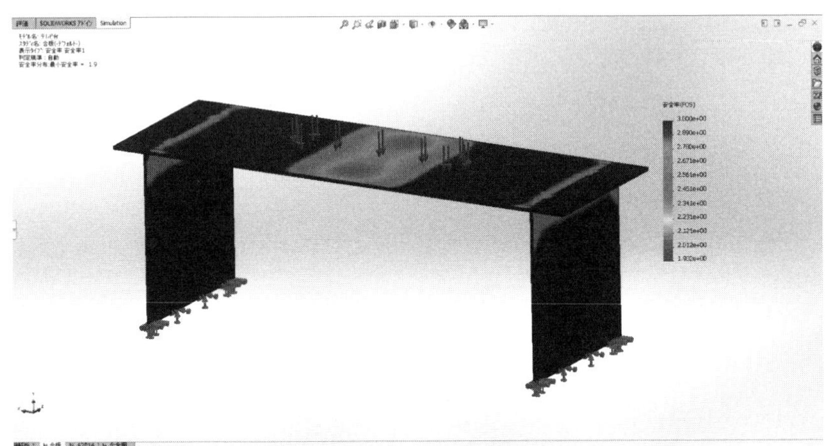

最小安全率が約1.9

図 5.25　バルサを使用した際の安全率プロット

第6章

解析結果をどうやって設計に反映するのか

6.1 【解析例】とりあえず結果が今ひとつの設計を変えてみる

たとえば、このようなスナップフィットの形状を考えてみましょう。実際によくあるものよりも爪の部分が長めで、根本から 200 mm あります。長方形の断面は 5 mm×20 mm になっています。材料は ABS でできていて、ヤング率が 2000 MPa、ヤング率が約 0.4、引張強度が 30 MPa になっています（SOLID WORKS Simulation のデータベースを参照しています）。

根本を完全に固定して、先端に 30 N（約 3 kg 重強）の荷重をかけます（**図 6.1**）。計算結果を見てみると**図 6.2、6.3** のとおりとなります。変形状態を見る限り、先端の変位量が 122.4 mm と、粘りのある材料だったとしても問題のある変位ですし、もう一つ注目すべきは、応力の値が 53.8 MPa であるということです。SOLIDWORKS Simulation の材料データベース上で確認できる ABS の引張強度の値は 30 MPa なので、実際には破断していることになります。形状を修正する必要がありますが、どうしたらよいでしょうか。ここでは材料は変更しないものとします。

解析ソフトでシミュレーションを始めたばかりの人からよく聞く悩みが、解

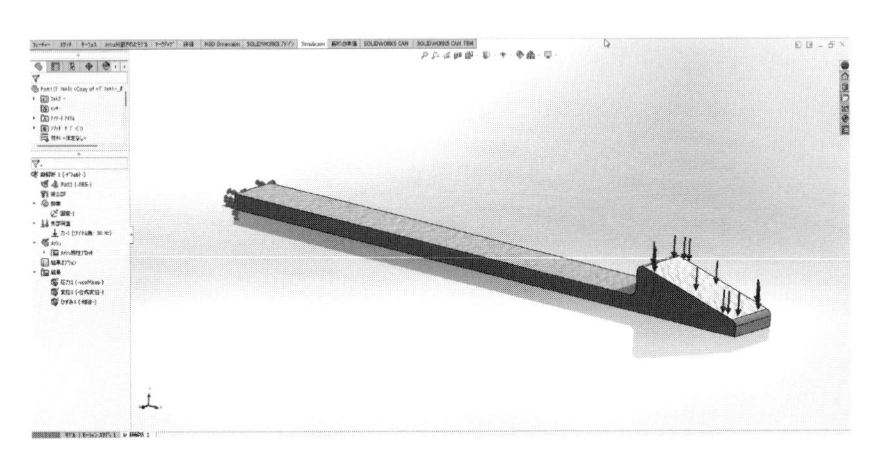

図 6.1　解析モデル（材料 ABS、根本を完全固定、爪の上面に 30 N を載荷）

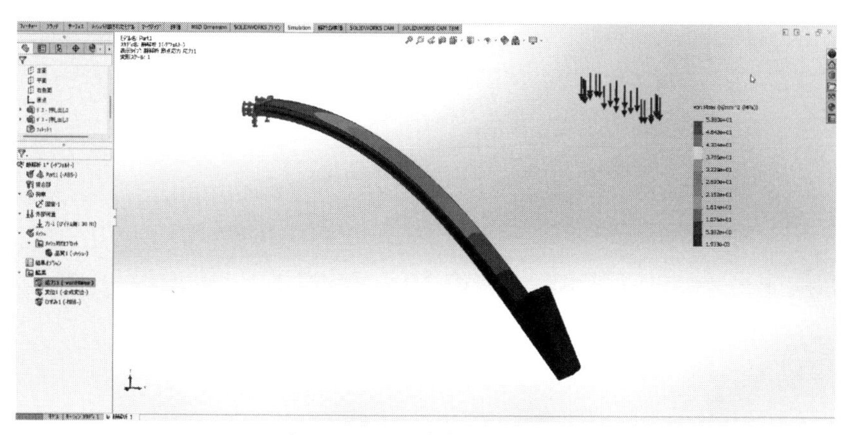

（フォンミーゼス応力：53.8MPa）

図 6.2　解析結果

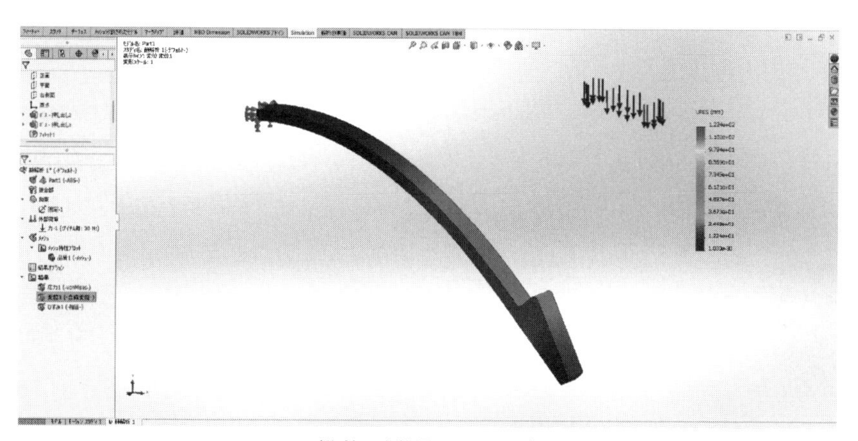

（先端の変位量：122.4mm）

図 6.3　解析結果

析結果をどのように評価したらよいのかわからない、ということです。確かに、結果として表示されている内容が解釈できず、どのように設計に反映すればよいのかわからなければ、結局勘と経験に基づく変更しかできず、なんのためにシミュレーションを行っているのかわからなくなってしまいます。

とは言っても、手計算で出た結果であろうと、シミュレーションソフトで得られた結果であろうと、それらはたんに表現の違いであって、評価すべき指標は変わらないはずです。この章では、何をどのように評価すべきなのかという結果の解釈についての説明を前半に行い、後半ではどのように設計へフィードバックすればよいのか考えていきたいと思います。

6.2　指標（変位量、応力、ひずみ、安全率）を意識した結果の見方

1）最初に変形状態を確認する

シミュレーションソフトで内部的に計算される指標は様々なものがありますが、比較的簡単に使うことができる設計者 CAE ソフトでも必ず表示されるものは、「変位量」、「応力」、「ひずみ」、場合によっては「安全率」です。

有限要素法によるシミュレーションソフトが計算を行って導き出す最初の値が変位量です。結果として表示される場合、計算された節点の変位量に基づいて節点が元の位置から移動して、荷重がかかった結果との変形状態が表示されるのが一般的です。ソフトにより実際の変形量で変形図を表示する場合と、スケールをかけて表示する場合がありますが、本質的にはどれも同じです。

この状態でまず確認して欲しいのは、変形状態が妥当であるかです。解析をしなくても荷重をかけたときにどんな変形をするのかはある程度想像がつくと思います。板の中央に荷重をかければ中央がたわみますし、右方向に荷重をかければ右方向に傾くでしょう。複雑な構造をしたアセンブリは想像が難しい場合もありますが、いずれにしてもある程度はあたりがつきます。

解析結果として表示された変形図が想像とあまりにもかけ離れている場合には、設定が間違っている場合が珍しくありません。設定に間違いがない場合には、何か想定外のことが起きていることが考えられますから、その原因を考えていく必要があります。それゆえに、変形状態の妥当性を最初に確認することは重要なのです。なお、スケールがかかっている変形図の場合には、実際の変

形の大きさがよくわからないので実寸表示でも確認してみましょう。

このときに、変形の形だけでなく変位量を確認することも重要です。変位量は、結果の表示を「変位」あるいは「Displacement」に変更して確認しましょう。コンター図と呼ばれる、等高線的な色が変形した形状に合わせてマッピングされて表示されるのでわかりやすいと思います（**図6.4**）。多くの設計者CAEソフトでは応力がデフォルト表示になっていますので、その場合は変位に変更します。通常変位量は合成変位量（X、Y、Zの全方向の変位から合成した量）で表示されるので、各方向の変位量を確認したい場合には表示を切り替えます。それなりに大きな荷重量をかけているはずなのにほとんど変形していない、あるいは小さいはずの荷重量に対して、予想外の大きな変形がある場合などは注意が必要です。

一般には変形図と合わせて変位量の数値を確認します。あとで確認する応力値と合わせて変位量が妥当かどうかの確認が必要です。もし、応力が降伏応力を超えて塑性しているようであれば、ここで確認される変位量の数値は現実的な意味合いをもちません。

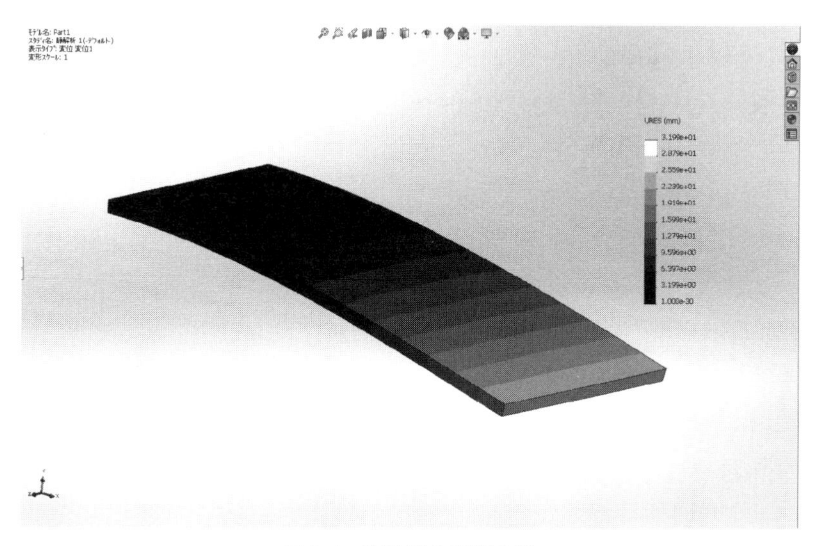

図6.4　変位量の確認の例

ということで、改めて変位量を確認してみましょう。長さが200 mmのものに対して、その半分の長さがたわんでいるとすると、たわみすぎと言えるでしょうし、そもそも変形が現実的なのかという疑問が出てきます。実際にたわむとしても、たわみ量を大きく低減する必要があるという判断になります。

2）応力を確認する

変形状態や変位量が妥当であると判断できれば、次に確認する項目は「応力」です。実際に設計する部品などの変形状態が許容範囲として、次にその物体に発生している応力を確認することで、強度の確認につながります。一般に3Dのモデルで解析をする場合には、応力の表示は前述の変位同様にコンター図で表示されるのが一般的です。主応力などのベクトル量に関してはベクトル図で表現できるソフトもありますが、ここではコンター図で解説します。

最初に表示される応力は一般に「フォンミーゼス応力」です。忘れてしまったという人は第3章を確認してください。アルミや合金鋼などの延性材料であれば、フォンミーゼス応力を確認しておけば大丈夫でしょう。ここで確認したいのは、その部材中に発生している最大の応力値です。応力の最大値が、使用している材料の降伏応力を下回っていれば、シミュレーション上は想定した荷重がかかった場合にも降伏しない、言い変えれば壊れないと予測できます。

応力についてもう一つ確認したいのは、コンター図の等高線の分布の仕方です。部材内部に発生する応力は一様ではなく、応力の高いところと低いところが分布しています。たとえば赤い色で表示されているのが応力の高いところ、青いところが応力の低いところ、といった具合です。コンター図を見るときに気にしたいのは、等高線の間隔です。応力の高い場所が非常に狭い範囲に集中する場合、等高線の幅が狭くなります。色が連続したコンターの場合には一気に色が変わるように見えます。そのような場所は急激に応力が変わっている場所であり、応力集中が起きる場所、言い換えれば部品の一番弱い場所とも言えます。降伏応力より小さい応力であっても繰返し荷重などがかかると長期の使用で疲労するなどの問題が生じる場合がありますし、あるいは想定した設計荷重よりも大きな荷重がかかったときに壊れることもあります。

また、応力の分布は荷重を主に受けている場所を把握するのにも有効です。基本的にどのような方向から荷重をかけても応力が低いままの場所もあるでしょうし、逆に常に高めの応力が発生している場所もあります。前者の場合は、部品の強度という観点からはほとんど役に立っていない場所であり、取り除くか大きく肉抜きをしても問題ない場所と言えます。逆に後者のような部分の材料はなくてはならないし、場合によっては強化しなければならない領域とも言えます。応力の分布を可視化することは、設計において必ず求められる、強度を維持しつつ軽量化をするという目的にも多いに役に立ちます。

なお、変位同様に応力も様々な異なる応力を表示できます。たとえば、鋳鉄のような脆性材料を使用する場合、素材は降伏することなく破断します。このような材料強度を評価する場合には、相当応力よりも最大主応力で評価することが妥当とされています。したがって、自分が使用する材料によっては表示を主応力に切り替えて確認してみましょう。

解析ソフトの内部では、応力は9つの応力テンソルで計算されています。フォンミーゼス応力や主応力はこれらの応力テンソルから計算されているものが表示されています（**図6.5**）。場合によっては、任意の方向の直応力やせん断応力を確認したい場合もあると思います。そのような場合にも、たとえば直応力 σxx などの表示が可能になっていますので、必要があればそれらに切り替えて確認してください。

さて、ここで改めてフォンミーゼス応力を確認してみると、付け根付近に発生している最大の応力が53.8 MPaと、引張強度の30 MPaと比較しても明らかに過大です。つまり、実際のこの形状で作成して、30 Nをかけると壊れてしまうという判断になります。

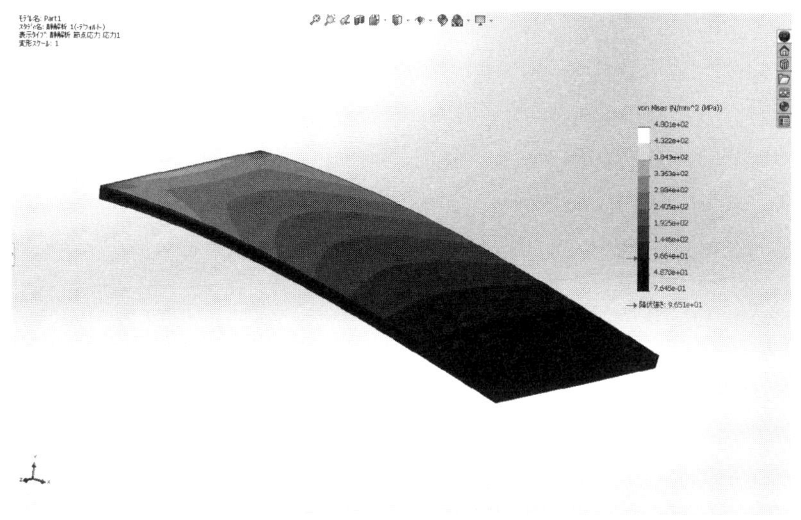

応力の分布や応力集中の状況を確認します。特に降伏応力や破断応力を超えていないかどうかなどを確認します。

図 6.5　応力確認の例

3）安全率を確認する

設計者CAEによっては、デフォルトの設定で安全率を表示することも可能です。降伏応力の値を把握し、その値と相当応力のコンター図を見ていけば用は足ります。とはいえ、設計という観点から言えば、安全率を視覚的に表示することで、その部品の強度が十分に足りているのか、あるいは逆に過剰設計になっていないかを把握するのに役立ちます。もし表示できるのであればこれも部品の軽量化などの最適化に役立つ指標と言えます（**図 6.6、6.7**）。

見方としては、フォンミーゼス応力と同様で最低の安全率を確認し、1.0を下回っている場所がなければシミュレーション上は壊れないと予測できます。ただし、設計の観点から言えば、ものによりますが通常想定する設計荷重に対してある程度の安全率、たとえば安全率3などの設計をするのではないでしょうか。安全率プロットでは、たとえば安全率1を下回ると赤、1から3だと黄色、3から6だと緑、6以上だと青などのざっくりとしたコンターで表示される

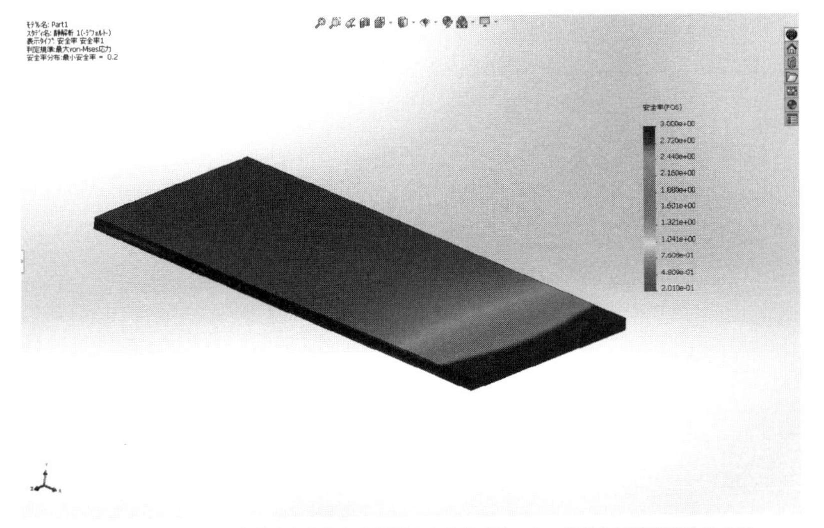

安全率を表示すると、降伏応力を超えた場所をより直感的、かつ視覚的に確認できるので、必要に応じて使用します。

図 6.6　安全率の表示

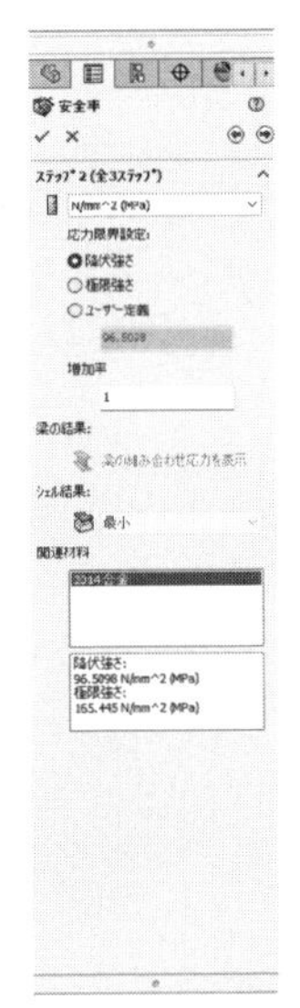

安全率は降伏強さなどを元に計算されています。

図 6.7　安全率表示設定ダイアログの例（SOLIDWOKRS Simulation）

ことも多いのですが、それによってたとえばできるだけ緑が多い設計にすると、壊れにくく、かつ過剰設計でもないものを設計する指標になります。

4）ひずみを確認する

設計者CAEにおいては、ひずみは応力ほど確認されない指標とも言えます。実際、ソフトによっては結果処理の表示において明示的にひずみを出力することを指定しておかないと、ひずみの一軸は出力するものの、ひずみの各テンソルは出力しない場合もあります。一般に設計者が扱うシミュレーションの場合、ほぼ金属であれば線形弾性領域の計算であり、この領域では応力とひずみは比例の関係にあります。そのため、応力のみを主体で確認しても強度設計の観点からは等価に考えることもできます。

ただし、非線形挙動など塑性域の材料の挙動を予測したり、破壊モードなどを予測したりする場合には、応力ベースの予測よりもひずみベースの予測のほうがより正確ともされています。そのような場合には、ひずみの値も確認したほうがよいでしょう（図6.8）。

図6.8　ひずみの表示例

6.3　どうすれば設計を改善できるのか

ここからは、得られた結果をベースにどのように結果を改善できるのかを考えてみましょう。わかりやすい改善のポイントとしては、2つあります。一つは「許容する以上の変位をしない」ということ、もうひとつは「許容する以上の応力が発生しないようにする」ことです。また、「応力集中の低減」などもあるかもしれませんが、それについては別の章で後述します。

1）材料の剛性と強度

改善する方法としては、主に2つの方法が考えられます。一つは材料の変更です。変位量の観点から「剛性」が効いてきますし、強度の観点からはその材料が持つ「降伏強度」などの固有の強度が効きます。しかし、いくら強くて剛性が高くても、重量が増えてしまうため使用することができなかったり、コストが大幅に跳ね上がってしまったりするなどの理由で変更できない場合もあります。あるいは、材料の剛性が違いすぎると、挙動そのものも大きく変わってしまうため、難しい場合もあるでしょう。

2）断面二次モーメント（断面係数）、極断面二次モーメント

材料を変えることができない場合は形状を変えるということになります。引っぱるものであれば断面積を増やすだけでも効くことがありますし、曲げの場合には断面形状を変えて、後述の断面二次モーメントを変えるだけでも効果がある場合があります。同じ材料物性値であっても形状によっては壊れたり、壊れなかったりするというのは日常的な経験からもわかることでしょう。

6.4　解析結果を踏まえて設計を改善しよう

材料力学的に言えば、断面二次モーメントや断面係数と呼ばれるものが改善のヒントになります。単軸の引っ張りであれば、応力は単純に載荷された荷重

を断面積で割ってやればよいのですが、今回のような曲げ挙動の場合には断面二次モーメントの役割が大きくなるからです。まず、この梁の曲げ応力を確認してみましょう。材料力学から以下の式(6.1)を使うことができます。

$$\sigma = \frac{My}{I} \tag{6.1}$$

ここで、σ が応力、y が中立面からの距離、I が断面二次モーメントとなります。断面二次モーメントを厳密に求めるのは少々大変なのですが、代表的な断面の例は書籍などでも一覧表として掲載されていることが多いため、可能であればそれらを参照してください（**図 6.9**）。

図 6.9 によれば、横幅（b）20 mm、高さ（h）5 mm の断面二次モーメントは以下の式(6.2)のとおりに求められます。

$$I = \frac{bh^3}{12} = \frac{20\ \mathrm{mm} \times (5\ \mathrm{mm})^3}{12} = \frac{2500\ \mathrm{mm}^4}{12} = 208.3\ \mathrm{mm}^4 \tag{6.2}$$

ここで式(6.2)に着目しましょう。強度がないのであれば肉厚を増やせばよいことは直感的にわかります。しかし、勘で肉厚を増やすのでは効率が悪いでしょう。そこで、この断面二次モーメントの式に着目します。応力を減らすには、断面二次モーメントを減らすのが有効です。断面二次モーメントを大きくするには幅を広げるか、高さを増やすか、あるいは両方のいずれかになります。この中で高さは 3 乗で効いてきますから、一番効率がよいのは高さを変えることです。

たとえば現在高さ 5 mm であるところを 10 mm に変えれば、幅を変えなくても I の値は 8 倍になります。もちろん高さを変えると応力を求める式の分子にある y の値を増やすことになるので、応力は単純に 1/8 にはなりませんが、大きく減少することは確かです。式(6.3)で実際に比較してみましょう。

$$\sigma = \frac{My}{I} = \frac{30\ \mathrm{N} \times 180\ \mathrm{mm} \times 2.5\ \mathrm{mm}}{208.3\ \mathrm{mm}^4} = 64.81\ \mathrm{N/mm}^2 \tag{6.3}$$

シミュレーションより少し大きめの値が出ていますが、ここでは傾向を知りたいので、この数値のまま続けます。それでは肉厚を 5 mm から 10 mm に変更

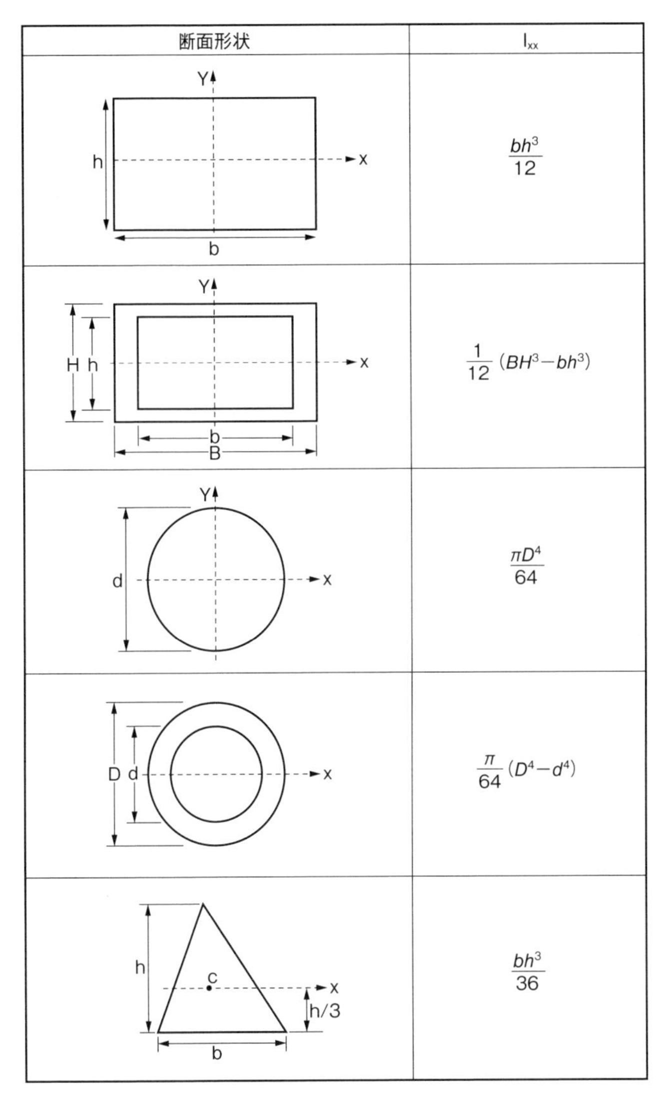

断面形状	I_{xx}
Y, x, h, b	$\frac{bh^3}{12}$
Y, x, H, h, b, B	$\frac{1}{12}(BH^3-bh^3)$
Y, x, d	$\frac{\pi D^4}{64}$
x, D, d	$\frac{\pi}{64}(D^4-d^4)$
x, h, c, h/3, b	$\frac{bh^3}{36}$

図 6.9　基本的な断面形状の断面二次モーメント一覧

したモデルで計算をしてみましょう（式(6.4)）。

$$\sigma=\frac{30\,\mathrm{N}\times 180\,\mathrm{mm}\times 5\,\mathrm{mm}}{\dfrac{20\,\mathrm{mm}\times(10\,\mathrm{mm})^3}{12}}=\frac{27000\,\mathrm{Nmm}^2}{1666.7\,\mathrm{mm}^4}=16.2\,\mathrm{N/mm}^2 \tag{6.4}$$

高さを２倍の 10 mm にしたことで、応力を 1/4 に低減することが見込めます。さらに変位量も手計算で確認してみます（式(6.5)）。

$$\delta=\frac{FL^3}{3EI}=\frac{30\,\mathrm{N}\times(180\,\mathrm{mm})^3}{3\times 2000\,\mathrm{N/mm}^2\times 1666.7\,\mathrm{mm}^4}=17.5\,\mathrm{mm} \tag{6.5}$$

ここまで変位量を抑えられているので、剛性も高くなっていることが確認できています。この見込みを元にして形状を再定義したものが**図 6.10** です。先ほどの手計算のときの数値を参考にして、板の部分の肉厚を２倍の 10 mm にしています。先端の最大変位量は約 20.32 mm になっています（**図 6.11**）。手計算のものより大きめに出ていますが、オーダー的には問題のないレベルです。手計算で推測したとおりに変位量を抑えることができています。

フォンミーゼス応力の最大値は、根本付近で 16.3 MPa の数値が確認されました（**図 6.12**）。この値は、手計算の場合とほぼ一致しており、狙い通りに応力を下げられています。引張強度の 30 MPa と比較しても安全率が２近くありますので、ひとまず問題は回避できたと考えてよいのではないでしょうか。

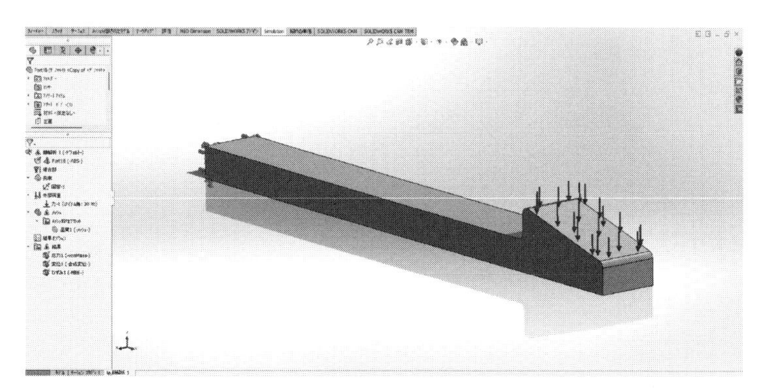

図 6.10　肉厚を変更したモデル

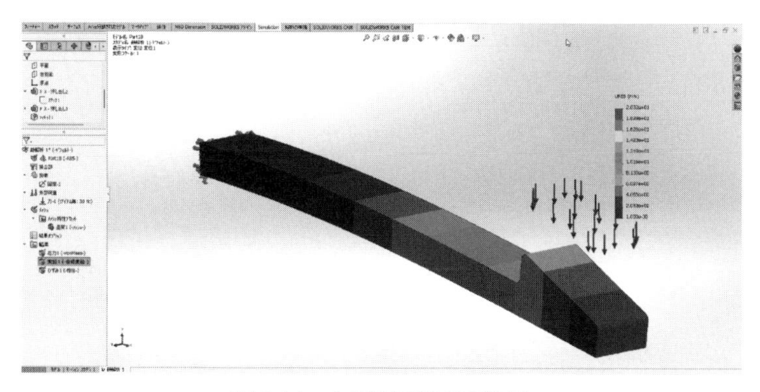

図 6.11　肉厚変更後の変位量

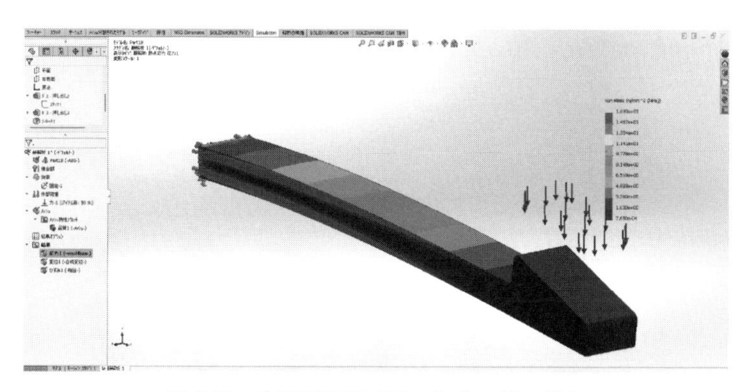

図 6.12　肉厚変更後のフォンミーゼス応力

6.5　外力を荷重ではなく強制変位で与える場合の注意点

一般に強度解析を行う場合には、荷重や圧力という形で外力を与えることが多いと思いますが、荷重値ではなく強制変位という場合もあります。たとえば、今回の例であげているスナップフィットの爪も、指で爪をある荷重を押すのではなくて、爪が穴などにひっかかるまで、ある距離分だけ押されます。爪が押される距離はわかっていても、その距離を押し込むだけの荷重値はわかっていないことのほうが多いと思います。

そのため、今度は強制変位の例を示してみたいと思います（**図6.13**）。爪の一番高さのある部分が５mmほど押し込まれるような条件を考えてみます。その際の応力は**図6.14**のとおりになります。

最大の応力が確認される根本付近でも、2.8 MPa程度ですので、これは問題ありません。ただし、今回はさらに応力を低減させたいと考えたとします。先ほどの例では、肉厚を２倍にしたことで結果的に応力を1/4程度に下げられたので、今回も同様の対処をしてみます。結果は**図6.15**のとおりです。

応力値そのものは問題がありませんが、5.727 MPaとむしろ増加してしまいました。どうやら対応が間違っているようです。厚みを増やして応力も増えて

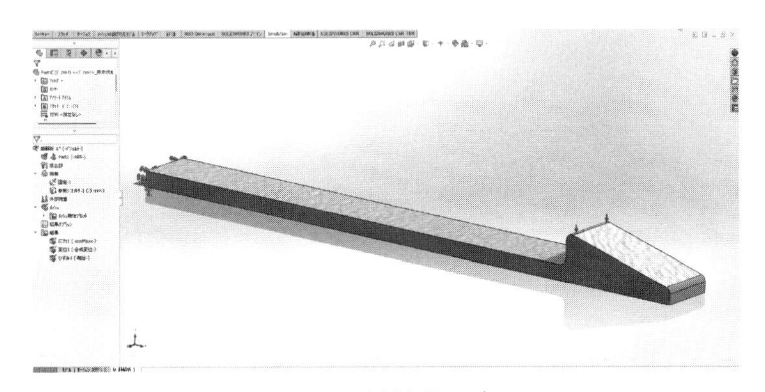

図6.13　強制変位モデル

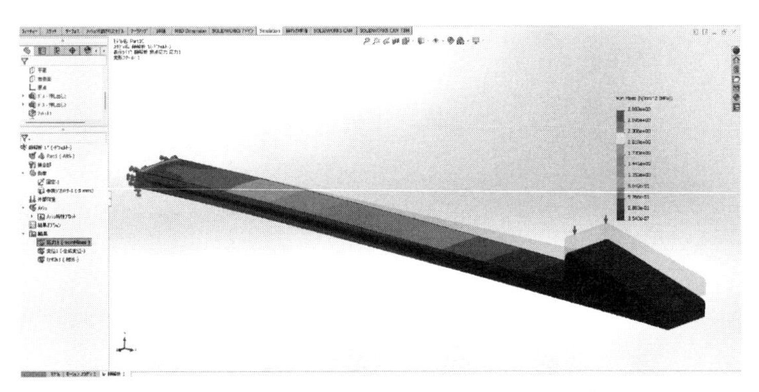

図6.14　強制変位モデルのフォンミーゼス応力プロット

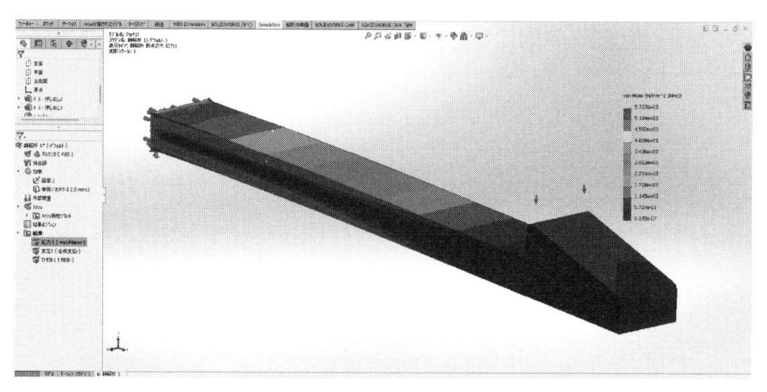

図 6.15　肉厚を増やしたモデルの強制変位モデルのフォンミーゼス応力プロット

しまったので、逆にすればよさそうな感じですが、その裏付けがありません。そこで、こちらも材料力学の式を用いて考察してみようと思います。

あらためて変位量を求める式を確認し、少し書き直します（式(6.6)）。

$$\delta = \frac{FL^3}{3EI} = \frac{FL^3}{3E\left(\frac{bh^3}{12}\right)} = \frac{4FL^3}{EBh^3} \tag{6.6}$$

この式を荷重と変位の関係式に置き換えると式(6.7)のとおりとなります。

$$F = k\delta = \frac{Ebh^3}{4L^3}\delta \tag{6.7}$$

このときの k は梁のばね定数となるため、式(6.8)で表現されます。

$$k = \frac{Ebh^3}{4L^3} \tag{6.8}$$

ここで、応力と荷重の関係式を確認し、式(6.9)のとおり変換してみます。

$$\sigma = \frac{My}{I} = \frac{FL\left(\frac{h}{2}\right)}{\frac{bh^3}{12}} = \frac{FL}{\frac{bh^2}{6}} = \frac{6FL}{bh^2} \tag{6.9}$$

前に求めた F を式(6.10)に代入します。

$$\sigma = \frac{6\left(\dfrac{Ebh^3}{4L^3}\right)\delta L}{bh^2} = \left(\frac{6\delta L}{bh^2}\right)\left(\frac{Ebh^3}{4L^3}\right) = \frac{3Eh}{2L^2}\delta \tag{6.10}$$

式(6.10)を確認して、応力を上げる要因を考えてみましょう。応力を上げることに寄与するのは、分子側のヤング率、断面の高さ、そしてたわみ量そのものです。つまり、より硬い材料を使ったり、断面の高さを高くしたりすると応力は高くなります。この式は高さを2倍にすると応力も2倍になることを示しており、実際に解析結果を見ても、肉厚5 mmの際には約2.8 MPaだった相当応力値が、肉厚10 mmでは約5.7 MPaとほぼ2倍になっています。これも感覚的にある程度は理解できるかもしれません。たとえば、薄い板の先端を指で5 mm押したあと、その厚みを倍にしたときに同じ量をたわませようとしたら、より大きな力が必要になることは想像がつきます。より大きな荷重が必要となれば、当然応力も高くなります。

このことを踏まえて、肉厚を薄くしたモデルで再度解析をかけてみます。今度は肉厚を5 mmから3 mmに下げました（**図6.16**）。今回、付け根に発生した最大の応力値は約1.676 MPaになっています。これは元の応力の約60 %で、先ほどの式から導かれる理論解とも合うことが確認されました。このように、材料力学による理論を理解していると、応力を低減させたり、変位量を抑えたりといった設計の改善を、根拠をもった形で進められます。

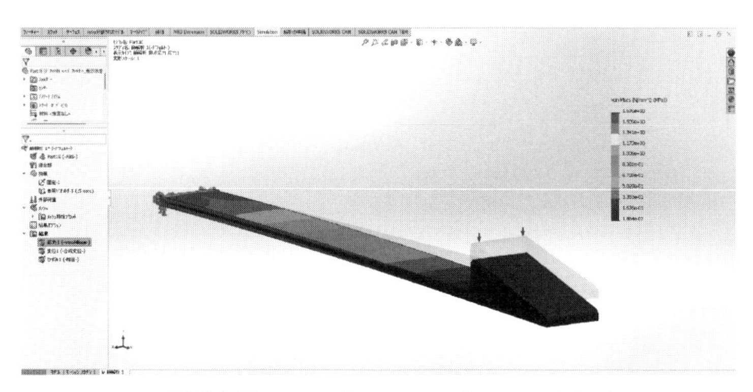

図6.16　形状変更したモデルのフォンミーゼス応力プロット

第7章

解析結果の解像度がよくない

7.1 【解析例】応力集中をとらえたい

シミュレーションをやっているときに、「結果の精度がよくない」などの声がよく聞かれます。もっとも、この精度という言葉は様々な意味で使われることがあるので、具体的に何を意味しているのか確認する必要があります。たとえば、そもそもの条件設定が妥当でなければ、現実や実験と比較したら、シミュレーションの結果が違って見えるかもしれません。実験などとの比較も注意が必要で、実験自体もそもそも誤差やバラツキを含んでいるものです。

傾向としては合っているけれども、たとえば結果のコンター図や数値の解像度がなんとなく甘い、あるいはぼやけているように見えることもあるでしょう。本章では、そのような例を取り上げてみます。

最初の例題は、理論解と比較のできる穴あき平板です。**図 7.1** のように幅 200 mm、高さ 100 mm、肉厚 1 mm の中央に直径 50 mm の円孔があいていて、両側から 2000 N の力で引っ張ったときの応力を確認します。

穴あき平板を含めて、一般に応力集中は**図 7.2** のように考えられます。応力集中係数は以下の式(7.1)で表現できます。

$$\alpha(\text{応力集中係数}) = \frac{\sigma_{max}(\text{最大応力})}{\sigma_{min}(\text{平均応力})} \tag{7.1}$$

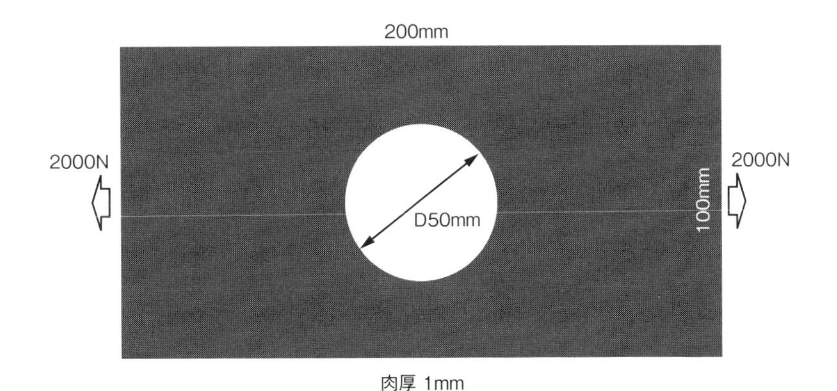

図 7.1　穴あき平板

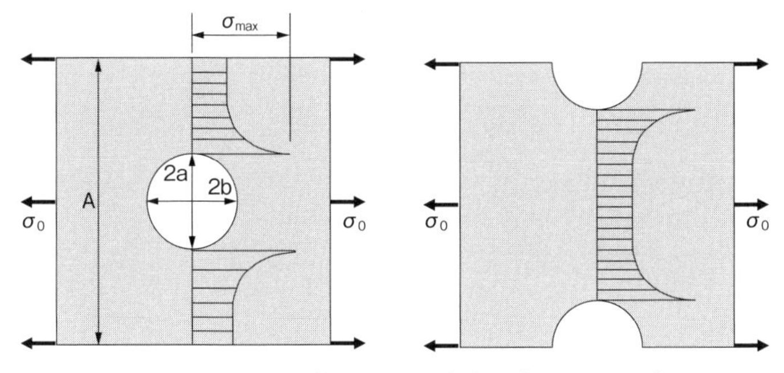

図 7.2 穴あき平板における応力分布のイメージ

板の大きさが無限に大きい場合、最大応力は以下の式(7.2)で計算できます。

$$\sigma_{max} = \sigma_0\left(1 + \frac{2a}{b}\right) \tag{7.2}$$

穴が円である場合、すなわち b と a が同じ場合には、最大応力は以下の式(7.3)のとおりです。

$$\sigma_{max} = \sigma_0\left(1 + \frac{2a}{b}\right) = 3\sigma_0 \tag{7.3}$$

したがって、応力集中係数は以下の式(7.4)になります。

$$\alpha = \frac{3\sigma_0}{\frac{A}{A-2a}\sigma_0} = \frac{3(A-2a)}{A} \tag{7.4}$$

板が無限大の大きさを持つ場合には、A は a に対してかなり大きいため、A −2a≒A と考えられます。したがって、応力集中係数 α は 3 となります。

ということで、前述の穴あき平板の場合を検討してみます。穴があいていない平板であれば、断面に発生する応力は一様に、2000 N/100 mm^2 で 20 MPa になります。前述のとおりに板の大きさが無限大であれば、応力集中係数は 3 になりますが、このような有限の大きさの場合には少々事情が異なります。応力集中の値は、便覧などに掲載されているテーブルなどを参考して求めることができます（**図 7.3**）。ここでは、b＝100、a＝50 とすると、a/b の値は 0.5 ですか

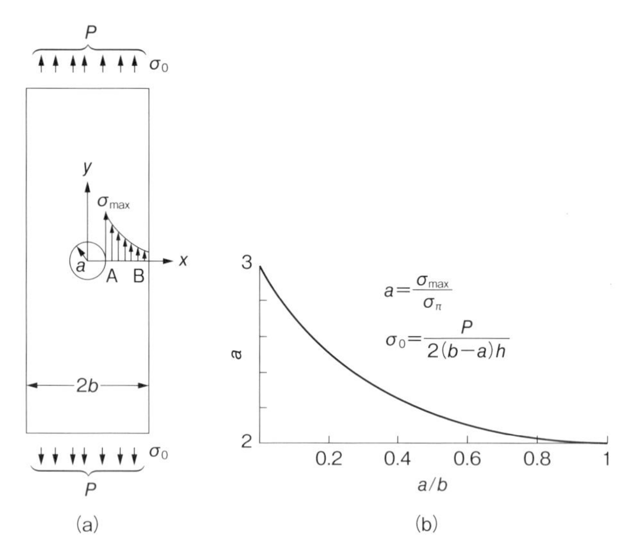

日本機械学会編『機械工学便覧 基礎編α3 材料力学』(2005年4月、P70、図7-2円孔をもつ帯板の引張り)をもとに作成

図 7.3　板の大きさが有限の際の応力集中係数

ら、テーブルの線から応力集中係数 α は、おおよそ 2.16 とします。ここで、σ_0 を式(7.5)のとおり求めてみます。

$$\sigma_0 = \frac{1000\ \mathrm{N}}{2\times(25\ \mathrm{mm}-12.5\ \mathrm{mm})\times 1\ \mathrm{mm}} = \frac{1000\ \mathrm{N}}{25\ \mathrm{mm}^2} = 40\ \mathrm{MPa} \tag{7.5}$$

最終的に σ_{max} は、以下の式(7.6)のようになります。

$$\sigma_{max} = \alpha\sigma_0 = 2.16\times 40\ \mathrm{MPa} = 86.4\ \mathrm{MPa} \tag{7.6}$$

これで理論解が、86.4 MPa とわかりましたので、これをシミュレーションの結果と比較してみます。今回は SOLIDWORKS Simulation を使用します。薄板ものなので、肉厚 1 mm で作成したソリッドモデルを、シミュレーションの環境の中で平面応力要素として 2 次元で解析を行います。平面応力とは、平面の大きさに対して非常に薄く、厚み方向の応力の変化を無視できる状態を想定します。このように 2 次元で解析を行うことで計算負荷を減らせます。

さて、ここでは比較的粗目のメッシュサイズによるシミュレーションの結果を見てみます。なお、シミュレーションでよく行われるテクニックですが、計算負荷の低減を主な目的として、対称性を考慮した形で、右上1/4のみをモデル化しています（図7.4、7.5）。

図7.4　1/4モデルで基本メッシュサイズ12.5 mmの解析モデル

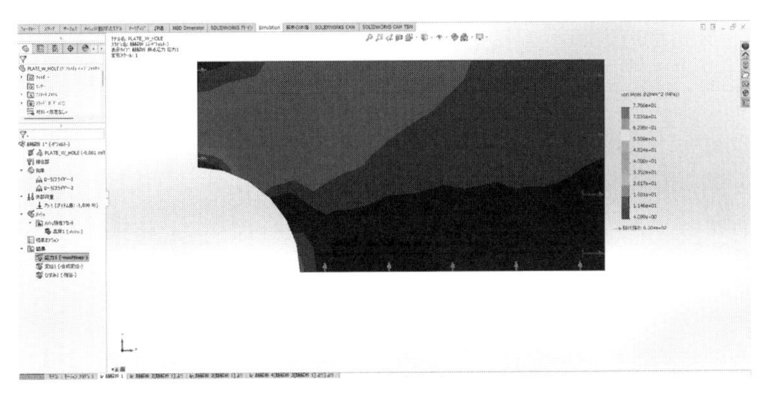

図7.5　解析結果（最大フォンミーゼス応力：77.66 MPa）

かなり粗い要素分割ということもあり、理論値と比較すると10％以上の誤差が生じています。二次要素を使用しているので、応力集中を含む応力の分布は比較的よくとらえられていますが、値自体は誤差が大きいといえます。

強度解析を行う際に知りたいことの一つは、解析対象の部品の一番弱いところが塑性したり、破断したりしないかどうかだと思います。全体的な応力分布が問題なかったとしても、弱い部分に応力集中が発生していないか、集中している場合はどのくらいの応力の値になっているのかなどが興味の対象でしょう。

そのためには、ぼやけた応力分布ではなく、はっきりとした分布が知りたいところです。また、応力集中部位には特異点と呼ばれる状況になることもあり、そのような場合には、結果の評価に少々注意が必要です。

前提として、FEMによるシミュレーションは元々誤差を含んだものです。本来は一体である物体を細かな領域に分けて、それらの挙動を足し合わせて全体の挙動を見るという乱暴なことをしているわけです。物体の挙動を、たった6つの自由度とアバウトに表しているのです。

7.2　メッシュの粒度の関係

応力集中が起きる場所は、基本的に応力勾配が急になっている、つまり応力のコンター図プロットにおいて、等高線の幅が非常に狭くなっているところといえます。幅が詰まった応力勾配を明確にするために、細かいメッシュが必要になることは想像に難くないと思います。一番簡単な方法はモデル全体のメッシュを細かくしてしまうことです。ただし、あまり効率的ではありません。応力勾配がほぼない場所も不必要にメッシュが細かくなり、計算コストの増加につながるからです。応力集中が確認される近傍のみメッシュが細かいのが効率の良いメッシュ分布と言えます。

すなわち、応力集中が起きそうな場所のメッシュを細かくする設定が必要です。応力集中が起きそうな場所は基本的には以下のような場所です。

1）応力集中がおきやすい場所

力の流れが急激に変えられてしまう場所

このような場所は、部材に開いている穴や切り欠き、その他段差がある場所などが典型的です。簡単に言えば図7.6のような例です。

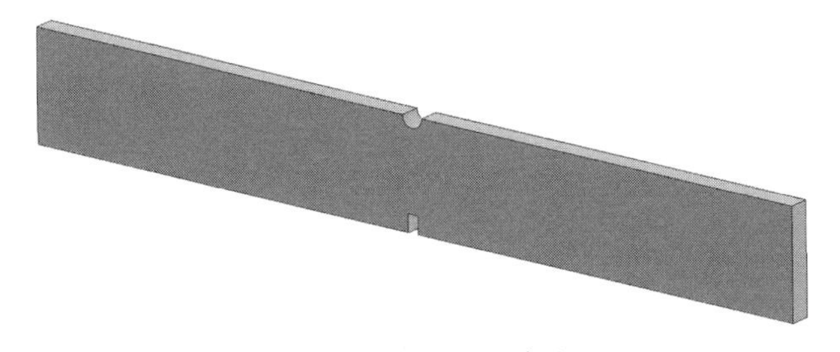

図 7.6 部材の切り欠き

2つの部材の接合面

図 7.7 のような溶接されている部材において、不溶接部の先端などはクラックのような状態になり、応力集中がおきやすいといえます。

図 7.7 溶接接着における不溶接部

力の作用する面積が非常に小さい場所

図 7.8 のように大きな荷重を一点のみに載荷することは、現実にはありえない状態です。現実にはどんなに小さな領域であっても載荷される面積がありますが、一点、あるいはエッジに荷重を載荷する場合には、つまるところ面積がない場所に荷重をかけるのと同等なので、理論的には無限大と考えられるわけです。一点集中荷重が常にいけないわけではありませんが、載荷点の変形が大きく、また応力が大きい場合には解が妥当でない場合が多いと考えられます。

たとえば、前述の梁のケースで、両端固定の断面 10 mm×10 mm、長さ

図 7.8　節点一つにのみ集中荷重（面積ゼロの部分に荷重）

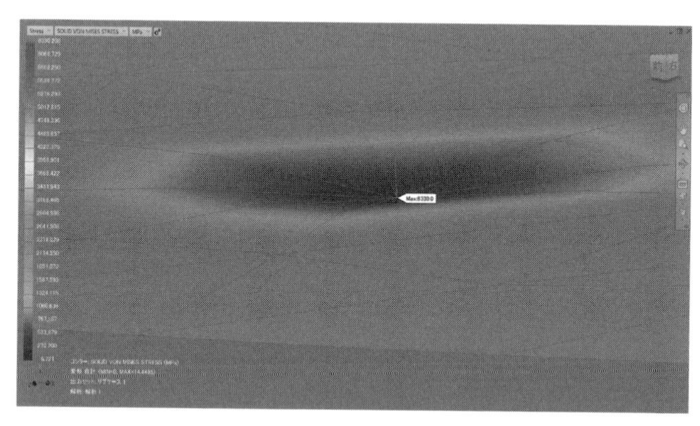

図 7.9　節点一つにのみ集中荷重（面積ゼロの部分に荷重）解析結果

200 mm の合金鋼の梁の中央の一点に、下向きに 10000 N の荷重をかけてみたときの結果を見てみます。結果としては、載荷点に 6000 MPa 以上の応力が発生し、かつ非常に局所的なくぼみが発生しています（**図 7.9**）。一点集中荷重のかわりに載荷部位の領域を設定し、載荷節点を増やしてこの領域に 10000 N を載荷してみます（**図 7.10**）。不自然な応力集中やくぼみもなくなって、梁全体の自然なたわみになっています（**図 7.11**）。また、応力も両端固定の曲げモーメントが一番大きい部分に、最も高い応力が発生しています（**図 7.12**）。

図 7.10　対応策

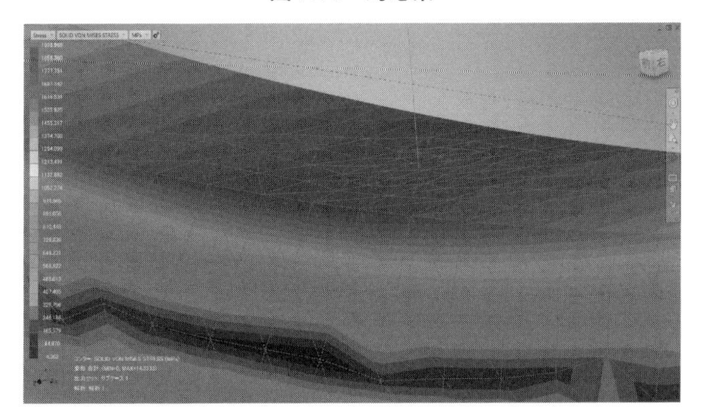

図 7.11　対応策を行った場合の解析結果

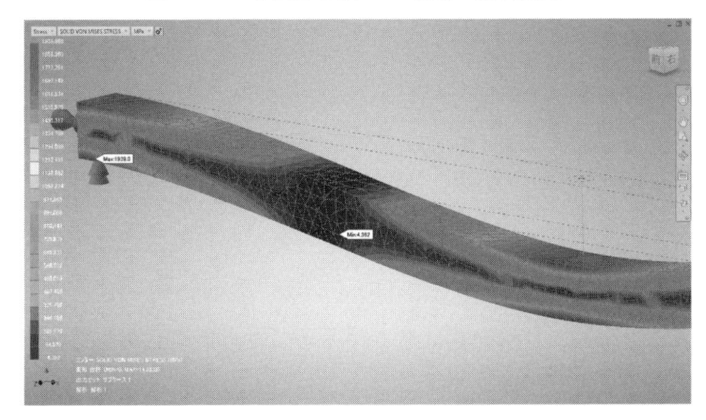

図 7.12　対応策を行った場合の全体の応力分布

2）応力集中が見込まれる領域のメッシュ分割

メッシュを細かくすればよいのはわかったが、どれくらい細かくすれば結果の精度は十分になるのか、という疑問があると思います。確かに、粗いメッシュだとざっくりとした結果しか見えませんが、細かいメッシュなら細部まで見えるということになります。つまり、精度が高くなるというよりは、結果の「解像度」が上がるというほうが妥当かもしれません。

基本的に結果の解像度が高いに越したことはありません。しかし、やたら細かくても、計算のコストが上がるのです。すなわち、計算時間がかかります。比較的粗いメッシュでは10分くらいで終わった計算が、思いきり細かくしたら1時間以上かかってしまった、というようなことも普通に起こります。

得られた結果の解像度に、その時間に応じた違いが得られればよいのですが、そうとも限らないことも多いのです。特定の部位のデータを細かく確認したいのであれば細かいメッシュも意味がありますが、ざっくりと全体の傾向を知りたいのであれば、粗いメッシュで素早く計算をするほうが意味があるでしょう。つまり、適切なメッシュの粒度は解析の目的に依存します。

さらに、非常に粗い状態のメッシュを徐々に細かくしていくと、当初は劇的に解像度が上がりますが、その後はあるレベルで限界をむかえます。そうなると、細かさに比例した解像度は得られなくなります。その意味でも、細かさには限度があると考えてもよいでしょう。

ここで、粒度と結果の状態を示してみましょう。メッシュサイズをもう少し細かくしてみます。基本メッシュサイズを5 mmと2.5 mmに設定して解析を行いました（**図7.13、7.14、7.15、7.16**）。要素がより詳細になるほど、応力集中を明確にとらえることができ、理論解に近い値が得られることがわかります。要素サイズが5 mmと2.5 mmでは、2.5 mmが若干オーバーシュート気味ですが、理論解との誤差にさほど差はなく理論解に近い値に収束しています。つまり、この場合、メッシュのサイズを細かくしても結果にさほど影響を与えないため、必要以上に細かくする必要はないと考えられます。

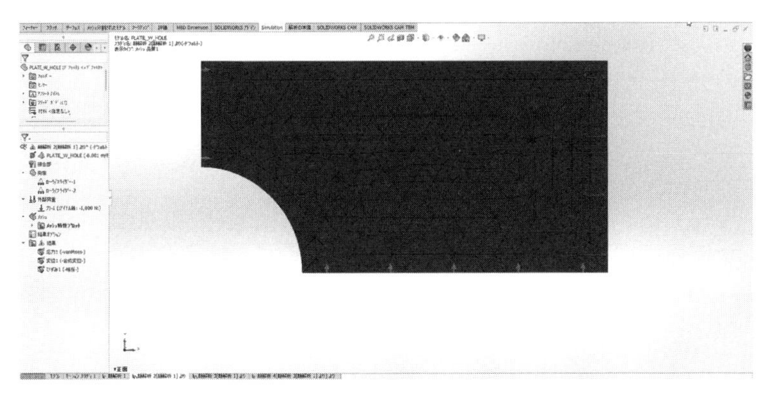

図 7.13　基本メッシュサイズ 5 mm の解析モデル

図 7.14　解析結果（最大フォンミーゼス応力：85.66 MPa）

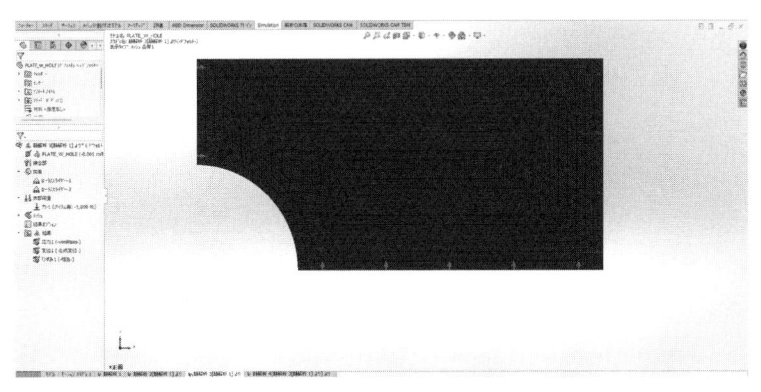

図 7.15　基本メッシュサイズ　2.5 mm の解析モデル

図 7.16　解析結果（最大フォンミーゼス応力：87.27 MPa）

メッシュ作成の際に一つ注意すべきことがあります。多くの設計者 CAE のユーザーインターフェイスにおいては、3次元であれば二次テトラ要素、2次元であれば二次三角形要素がデフォルトの設定になっています。二次要素とは、見た目には頂点の節点以外で、頂点をつなぐエッジ上に中間節点が存在するものです。要素の次数が高いことで、見た目には同じ形、同じサイズであっても、一次要素よりも細かく現象をとらえることができます。そのかわり、計算負荷は大きくなります。何か明確な理由がない限り、一次要素に設定を変更することはおすすめできません。変位や応力の精度が著しく劣るためです。

実際にその状況を今回の穴あき平板を例にとってみてみましょう（**図 7.17、7.18、7.19、7.20**）。ここで見てわかるように、二次要素であれば、12.5 mm という非常に粗いメッシュサイズでも 10 %程度の誤差で収まっていた応力が、一次要素では理論値の50 %以下という非常に大きな差になってしまっています。2.5 mm の場合でようやく、2 次要素の 12.5 mm の場合と近い値になっています。そのため、どうしても必要があって一次要素を使うのであれば、三角形やテトラ要素の場合にはメッシュサイズが非常に細かくないと妥当性のある解が求められません。

穴あき平板の応力解に関するサマリーを、**表 7.1** にまとめました。

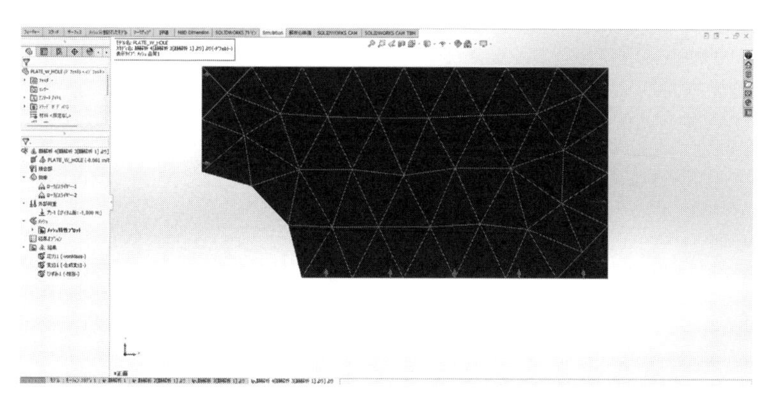

図 7.17　一次要素　基本メッシュサイズ：12.5 mm の解析モデル

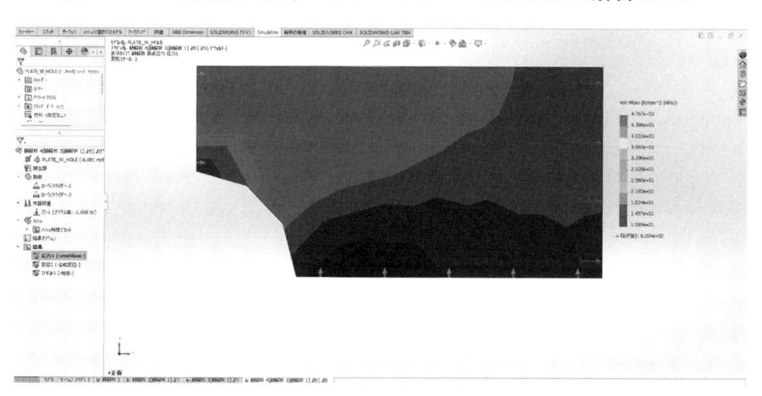

図 7.18　解析結果（最大フォンミーゼス応力：47.67 MPa）

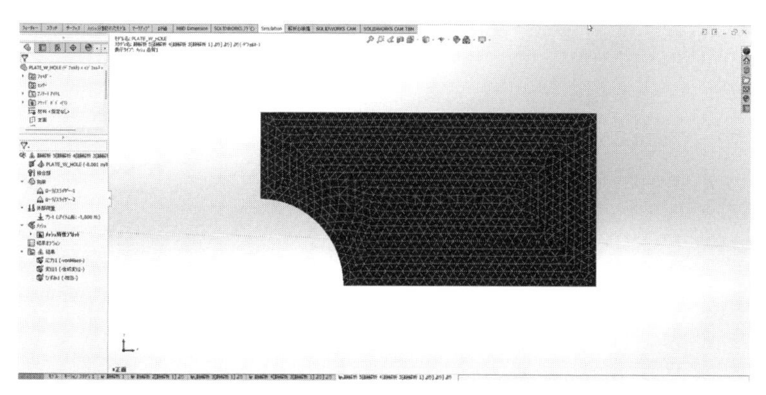

図 7.19　一次要素　基本メッシュサイズ：2.5 mm の解析モデル

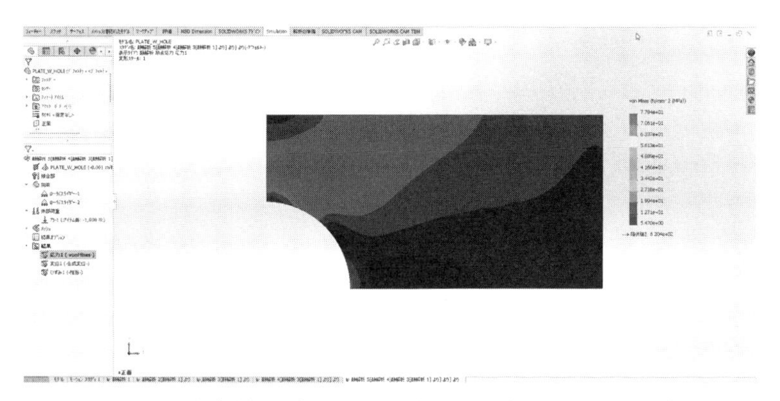

図7.20　解析結果（最大フォンミーゼス応力：77.84 MPa）

表7.1　メッシュサイズと応力値の結果のまとめ

メッシュサイズ	VM相当応力値（MPa）	理論解との比較（誤差）	備考
理論解	86.4	N/A	N/A
12.5 mm	77.66	10.1 %	二次三角形要素
5 mm	85.66	0.9 %	二次三角形要素
2.5 mm	87.27	1.0 %	二次三角形要素
12.5 mm	47.67	44.8 %	一次三角形要素
2.5 mm	77.84	9.9 %	一次三角形要素

3）局所的なメッシュ分割

メッシュをある程度細かくすることで、理論解の解像度は上がっていきますが、全体を細かくすることはデータを不用意に重たくすることにつながります。多くの解析ソフトのメッシュ作成機能においては、局所的なメッシュコントロール機能を備えています。それらを使うことで、データサイズの増大を最小に抑えつつ十分な解の解像度を得られます。ここでは、前述した切り欠きのある板を使った例で説明します。

切り欠きのある板には**図7.21**のように板の左側を固定して、右側の端面に引張荷重を載荷します。まず、最初のメッシュサイズは10 mm程度にしています。もちろん、切り欠きの部分はその形状に応じて少し寸法が小さくなっていますが、いずれにしても切り欠き部位の応力を見るには、かなり粗いメッシュと言えます。この解析結果は**図7.22**のとおりです。

最大の応力が、半円型の切り欠きの底の部分に出ています。場所は妥当で、

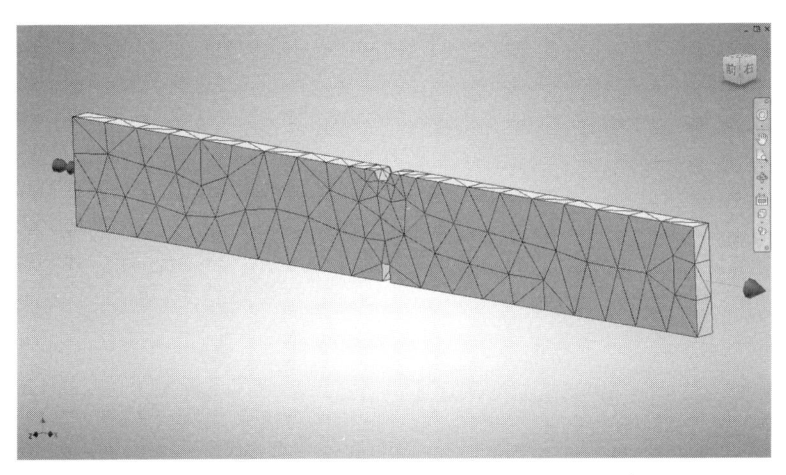

図7.21 一様の大きさでメッシュを切った解析モデル

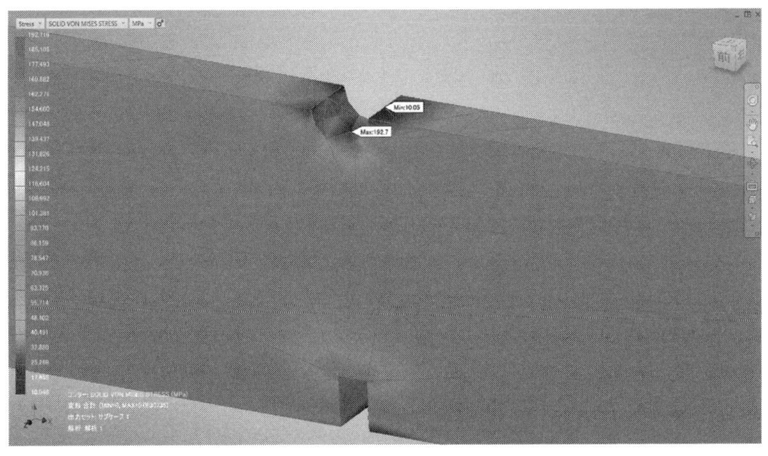

図7.22 一様な粗いモデルでの応力集中部の応力分布

応力の値は 192 MPa となっています。ただし、下の直角の切り欠きの応力集中がぼやけているようにも見えます。きちんと応力集中をとらえられているのか、もう少し探ってみたいと思います。

次に全体のメッシュを、メッシュサイズ 1 mm で切りなおしてみた結果を確認してみます（**図 7.23**）。基本的な分布はもちろん変わっていませんが、応力集中部位がよりはっきりととらえられています。今度は最大の応力が下側の四角形の切り欠き部位に出ており、応力の値も 288 MPa となりました。上部の半円の部分の最大の応力値は約 190 MPa ほどと変わらないので、こちらは落ち着いていると思われますが、おそらく粗いメッシュでは四角形の角の部分を中心とする応力分布がとらえきれていなかったものと思います。ゆえに、応力集中部にはこのくらいのメッシュ分割は必要と思われます。しかし、応力勾配のほとんどない、切り欠きから離れた場所までメッシュを細かく切るのは無駄に思われます。そこで、局所的にメッシュを細かくすることを試みます。

図 7.24 は Inventor Nastran での局所的なメッシュコントロールの画面です。それぞれの切り欠きの周囲にメッシュサイズを 1 mm にするようなメッシュシードを設定します。この状態での解析結果を見てみましょう（**図 7.25**）。

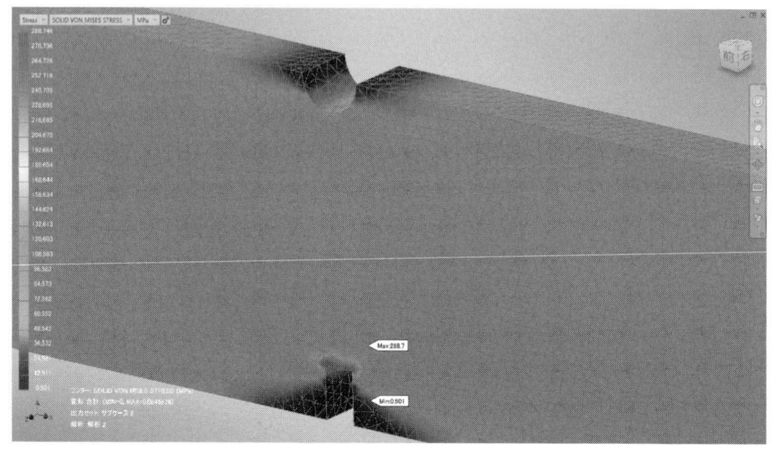

図 7.23　一様だが細かくメッシュを切ったモデルでの応力集中部の応力分布

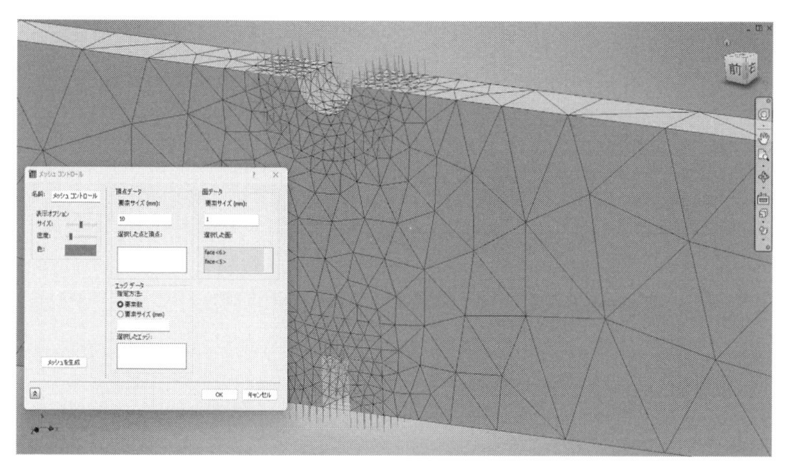

図 7.24　応力集中が認められる場所を局所的に細かいメッシュをはったモデル

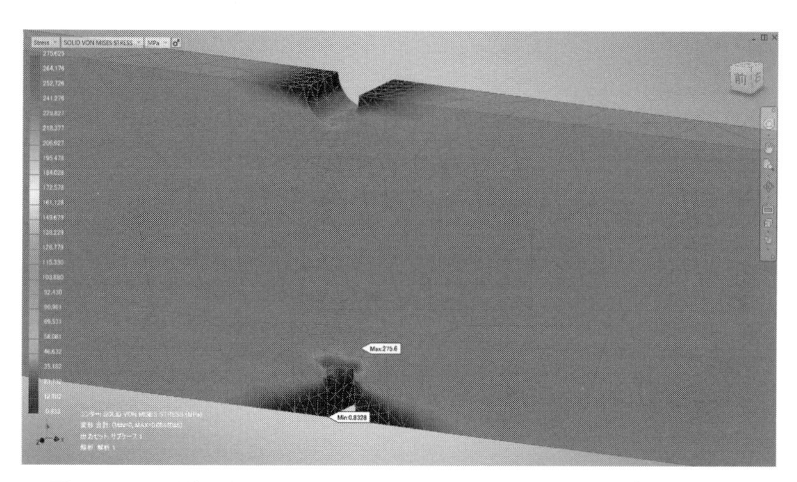

図 7.25　局所的に細かいメッシュをはった場合の応力集中部の応力分布

応力勾配が大きい領域を局所メッシュコントロールでおおむねカバーできているため、応力の分布もほぼ変わらず、最大の応力値も四角形の切り欠きの同じ場所に出ています。応力の値は、275.6 MPa と若干低めに出ましたが、最初の粗いメッシュと比較すればほぼ同じレンジの結果が得られているため、局所メッシュコントロールは有効であることがわかります。

なお、このような局所メッシュコントロールの機能は、他の多くのソフトのプリ処理機能に含まれており、その操作性もそれほど変わりません。**図 7.26、7.27** に SOLIDWORKS Simulation と Fusion 360 の操作画面を示します。

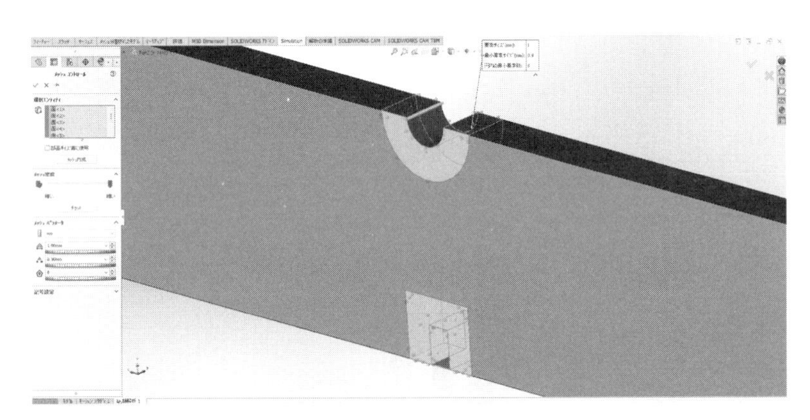

図 7.26　メッシュコントロール：SOLIDWORKS Simulation の場合

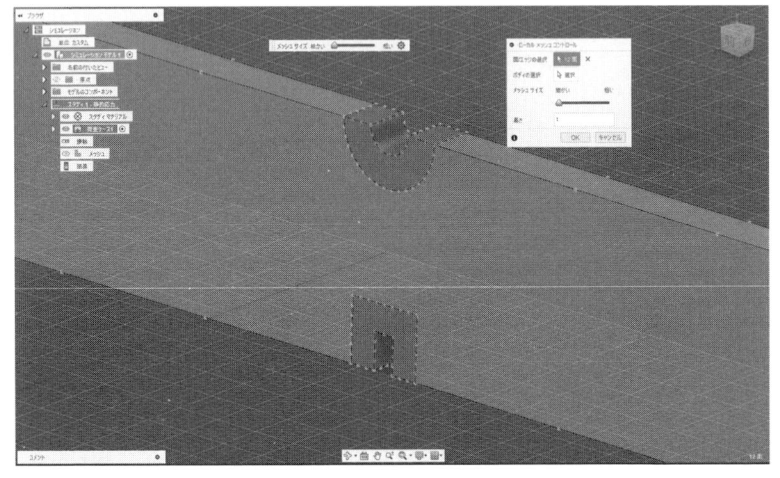

図 7.27　メッシュコントロール：Fusion 360 のシミュレーション機能の場合

第8章

応力が際限なく大きくなっていく

解析を行っていると、なぜか局所的に不合理なほど高い応力が確認される場所があります。そのような場所を「特異点」と呼ぶことがあります。

そのような場所に発生する応力は、およそ物理的な意味をもたないのではないかと思えるようなものです。実際、これらは有限要素法の特徴によるものであったり、「特異点」となるような場所であったりする場合です。解析の結果を評価する上で悩ましい存在であり、また特に解析の専門家でない人たちを相手に説明をする場合にもやっかいな存在です。

このようなケースの発生にはいくつかの異なる状況がありますが、本書では2ケースほど見ていきます。

8.1　境界条件の設定が問題になるケースと回避方法

断面が 30 mm×30 mm で長さが 300 mm の角柱の片方を完全固定し、反対側に下向きに 5000 N の荷重をかけるモデルを考えます（**図 8.1**）。

まず、このモデルの理論値を求めましょう。片持ち梁に対して曲げ荷重をかけたときに発生する応力の最大値は、以下の式(8.1)で求めることができます。

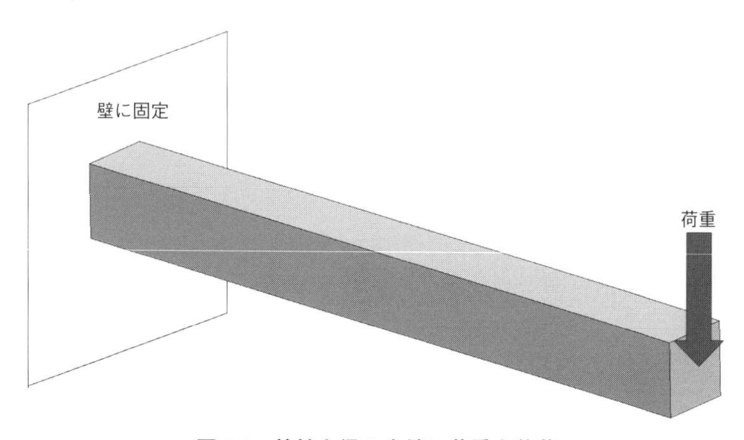

図 8.1　片持ち梁の先端に荷重を載荷

$$\sigma = \frac{My}{I} \tag{8.1}$$

ここで、M はモーメント、y は中立面からの距離、そして I は断面二次モーメントです。四角形の断面の断面二次モーメントは、以下の式(8.2)で求めることができます。

$$I = \frac{bh^3}{12} \tag{8.2}$$

これら二つの式に数値を当てはめていくと、応力は以下の式(8.3)のとおりに求められます。

$$\sigma = \frac{5000\ \mathrm{N} \times 300\ \mathrm{mm} \times 15\ \mathrm{mm}}{\frac{30\ \mathrm{mm} \times (30\ \mathrm{mm})^3}{12}} = 333.33\ \mathrm{N/mm^2} = 333.33\ \mathrm{MPa} \tag{8.3}$$

333.33 MPa という最大の応力は、角柱の付け根の上下の表面に発生します。この場合上面は引張り、下面は圧縮の応力になります。

たわみ量の確認もします。最大のたわみ量は荷重がかかっている自由端になり、以下の式(8.4)で求めることができます。

$$\delta_{max} = \frac{PL^3}{3EI} \tag{8.4}$$

ここで、P は載荷する荷重、L は棒の長さ、E は使用する材料のヤング率、そして I が断面二次モーメントになります。今回使用する材料をアルミ 6061 とすると、ヤング率は 68900 MPa になります。こちらも数値を当てはめて式(8.5)のとおり計算してみます。

$$\delta_{max} = \frac{5000\ \mathrm{N} \times (300\ \mathrm{mm})^3}{3 \times 68900\ \mathrm{MPa} \times \left(\frac{30\ \mathrm{mm} \times (30\ \mathrm{mm})^3}{12}\right)} = 9.676\ \mathrm{mm} \tag{8.5}$$

先端で約 9.68 mm のたわみ量となります。それでは、これをソフトで解析してみます。この際にメッシュの細かさと合わせて確認していくと、**図 8.2、8.3、8.4、8.5、8.6、8.7** のとおりになります。応力はフォンミーゼス応力ですので、

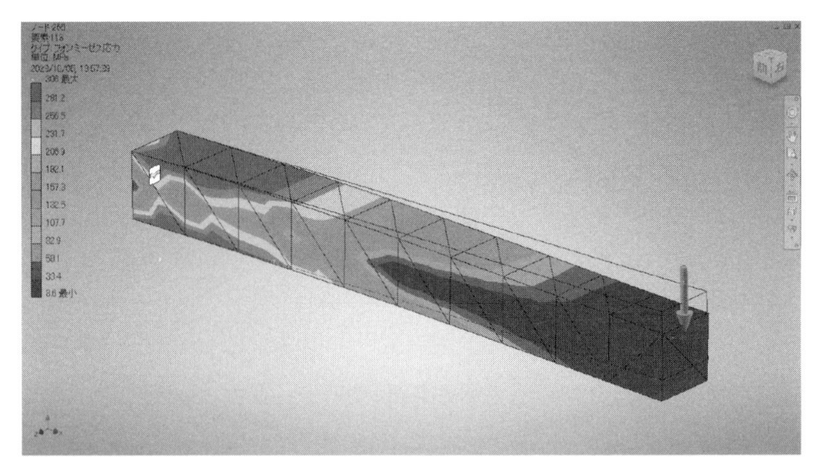

図 8.2　（基本メッシュサイズ 30 mm）最大フォンミーゼス応力：306 MPa

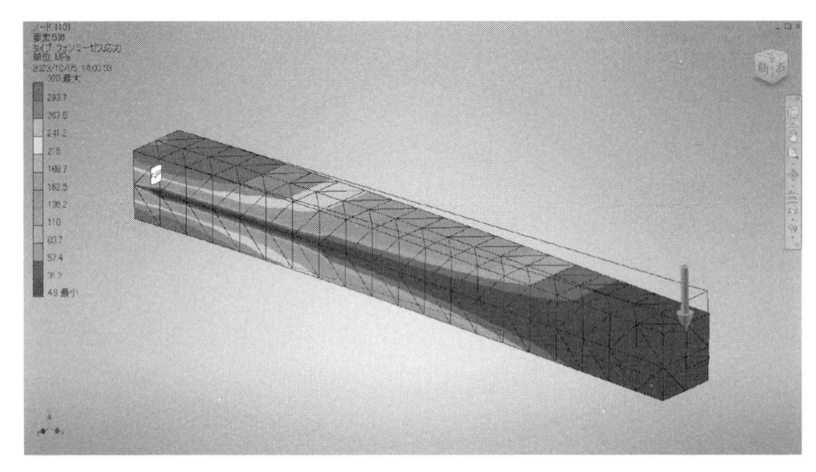

図 8.3　（基本メッシュサイズ 15 mm）最大フォンミーゼス応力：320 MPa

引張りと圧縮に関係なく正の数字になります。応力は、メッシュを細かくすればするほど、値は収束せずに上昇し続けていくことがわかります。

同じく変位量の確認もしてみましょう（**図8.8、8.9、8.10、8.11、8.12、8.13**）。変位の場合は、若干オーバーシュート気味ではあるものの、比較的理論解に近い数値で収束していることがわかります。

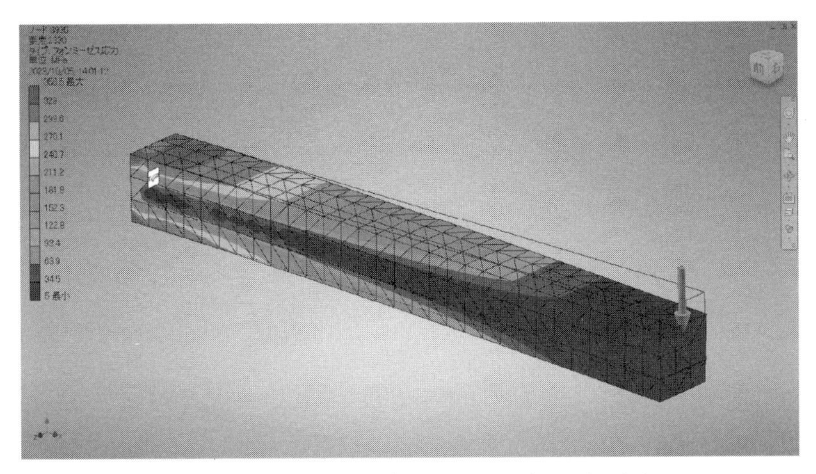

図 8.4　（基本メッシュサイズ 10 mm）最大フォンミーゼス応力：358.5 MPa

図 8.5　（基本メッシュサイズ 7.5 mm）最大フォンミーゼス応力：424.9 MPa

ところで、特に応力について、なぜこのようなことがおきてしまうのでしょうか？　それは、ひとえに特異点の存在にあります。有限要素法による解析では、特異点においてこのように、メッシュを細かくすればするほど応力が際限なく上昇し続けるという現象がおきてしまいます。

現象面から見ても、物理的な棒は仮に壁に接着されていたとしても完全に動

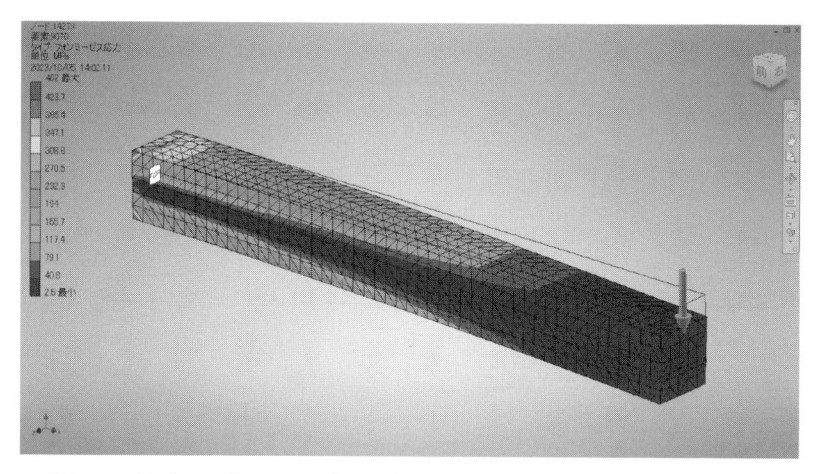

図 8.6　(基本メッシュサイズ 6 mm) 最大フォンミーゼス応力：462 MPa

図 8.7　(基本メッシュサイズ 5 mm) 最大フォンミーゼス応力：472.4 MPa

かないということはなく、ミクロレベルでみれば（それこそ分子レベルでみれば）、まったく動けないということはないでしょう。つまり、微妙ながら固定面の断面も変形しているはずです。材料力学の理論においても、そのような断面積の変化は考慮されていません（少なくとも式にも組み込まれていません）。

参考までに、設計者CAEソフトにおいても梁要素（ビーム要素）を使用でき

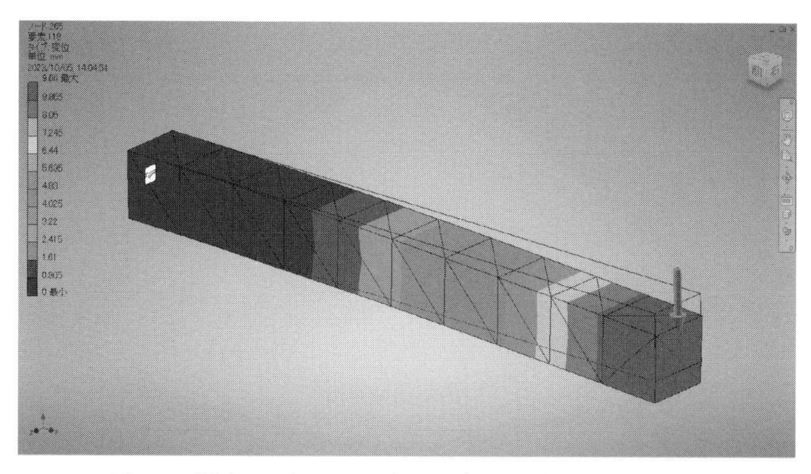

図 8.8　（基本メッシュサイズ 30 mm）最大変位量：9.66 mm

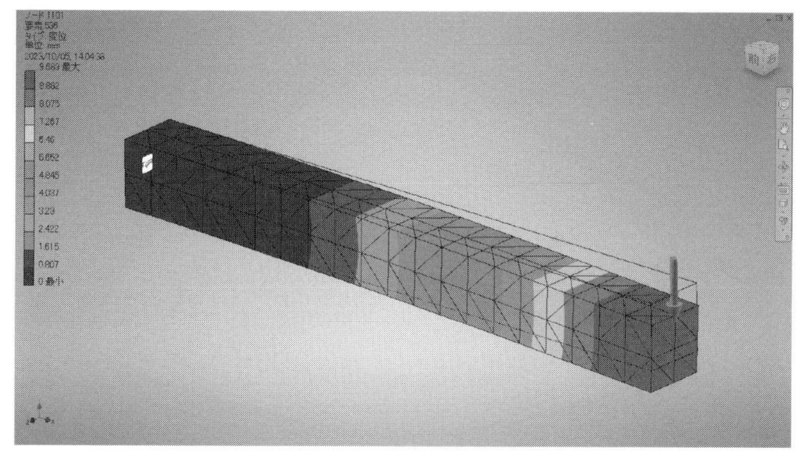

図 8.9　（基本メッシュサイズ 15 mm）最大変位量：9.689 mm

るソフトの場合には、理論に近い結果を以下のように求めることができます。**図 8.14** は、オートデスク社の Inventor Nastran で計算をした例です。

梁要素とは、見ためは一本の線のような一次元要素です。そのため、見ためには断面はないですが、要素のプロパティとして断面を定義する要素です。この要素では、30 mm × 30 mm をプロパティとして定義し、1 要素あたりの長さ

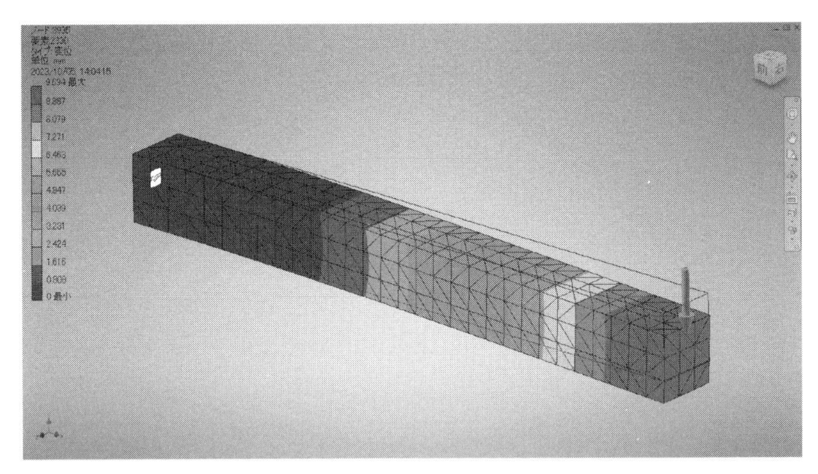

図 8.10　（基本メッシュサイズ 10 mm）最大変位量：9.694 mm

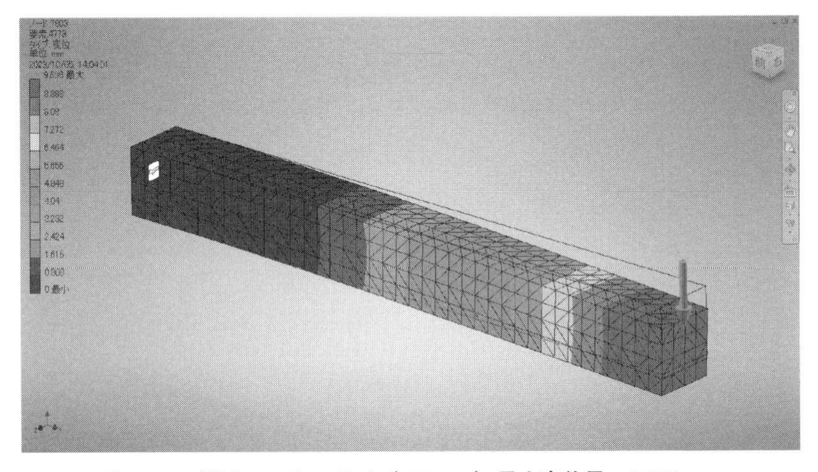

図 8.11　（基本メッシュサイズ 7.5 mm）最大変位量：9.696 mm

を 10 mm として、全 300 mm を 30 要素で定義しています。梁要素が使用できる場合には、確認のため使用してみるのも手でしょう。

理論値では、最大の応力値が 333.33 MPa、最大の変位量が 9.676 mm なので、比較的粗いメッシュ分割でも理論値に近い値が出ていることがわかります。

さて話を戻して、ソリッド要素のままの場合には、何か対処法はあるので

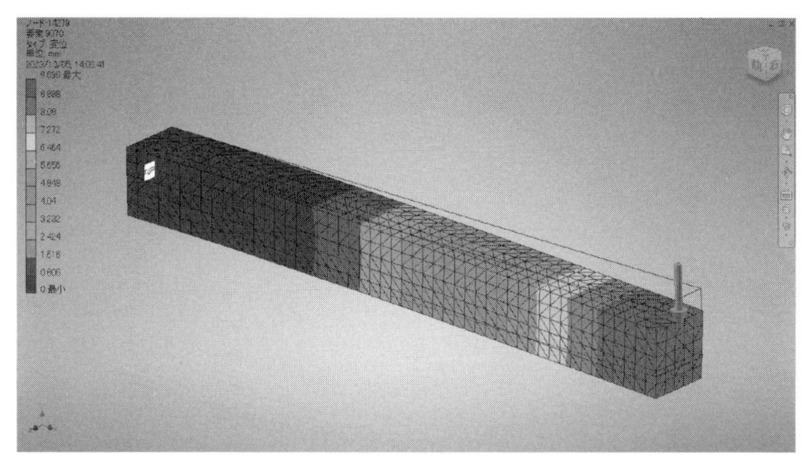

図 8.12　（基本メッシュサイズ 6 mm）最大変位量：9.696 mm

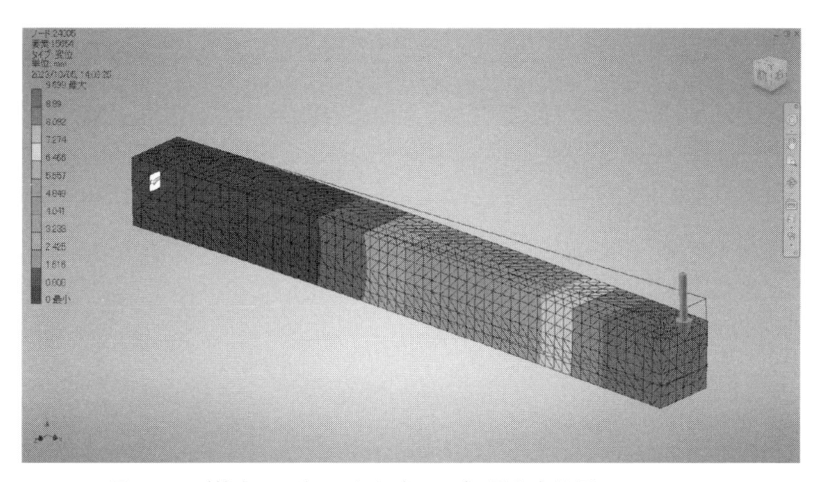

図 8.13　（基本メッシュサイズ 5 mm）最大変位量：9.699 mm

しょうか？　このようなケースに対して完全に対応することは難しいのですが、ある程度改善する方法はいくつかあります。

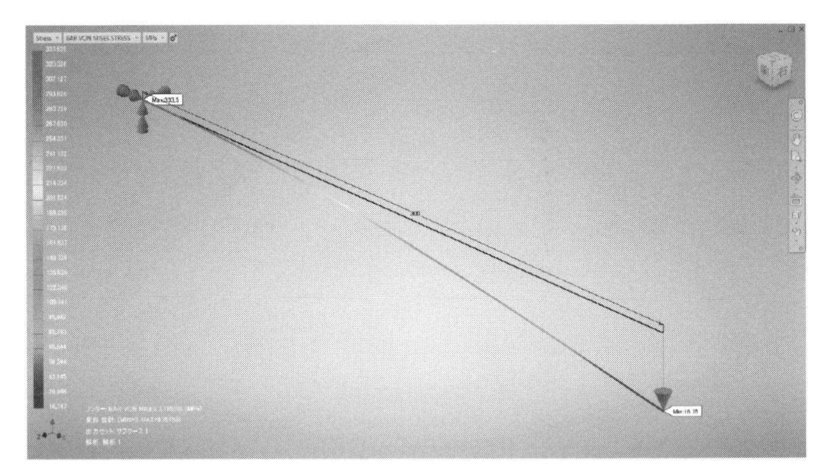

図 8.14　最大フォンミーゼス応力：333.525 MPa、最大変位量：9.75153 mm

8.2　対応策１：断面の拘束方法を変える

固定端の一面を全自由度拘束にするのではなく、固定端の面は軸方向（このモデルではX）のみ固定、あとはその面の上のエッジのみをY方向、奥側の垂直のエッジをZ方向に止めることで、固定端の動きを留めつつ、固定面の面積

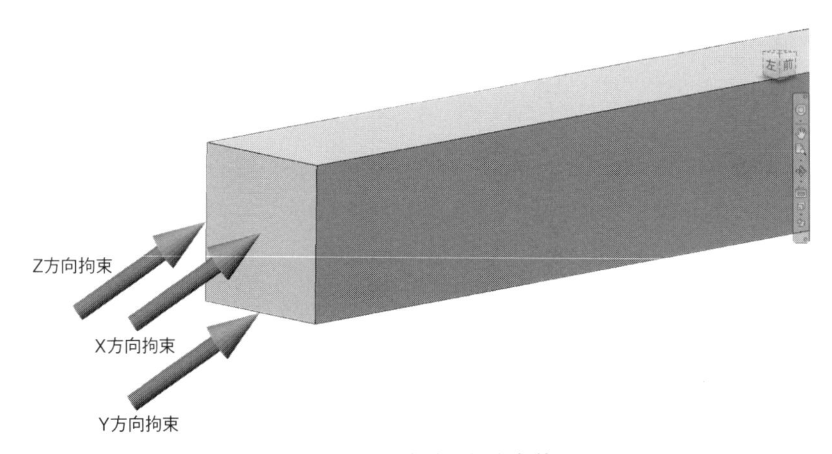

図 8.15　固定端の拘束条件

の変化を許容できるモデルになります（**図8.15**）。

固定面中央の上側エッジの中央をピックして応力を確認してみると、約321.7 MPaと比較的この位置の理論値に近い応力が確認できています（**図8.16**）。

ただし断面を見ると、拘束しているエッジに沿って、理論値よりもかなり高い応力が発生している状況にあまり変わりはありません（**図8.17**）。変位量については、9.774 mmと他の解析結果同様に、理論値に近い値が確認できています（**図8.18**）。

図8.16　側面のフォンミーゼス応力分布

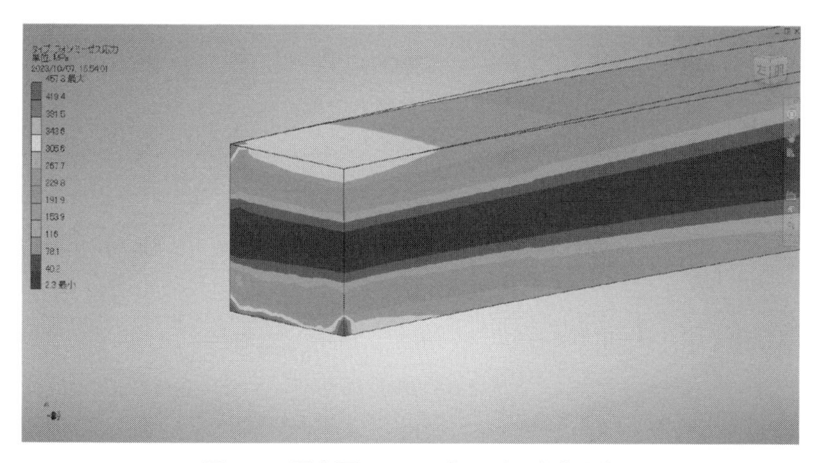

図8.17　固定面のフォンミーゼス応力分布

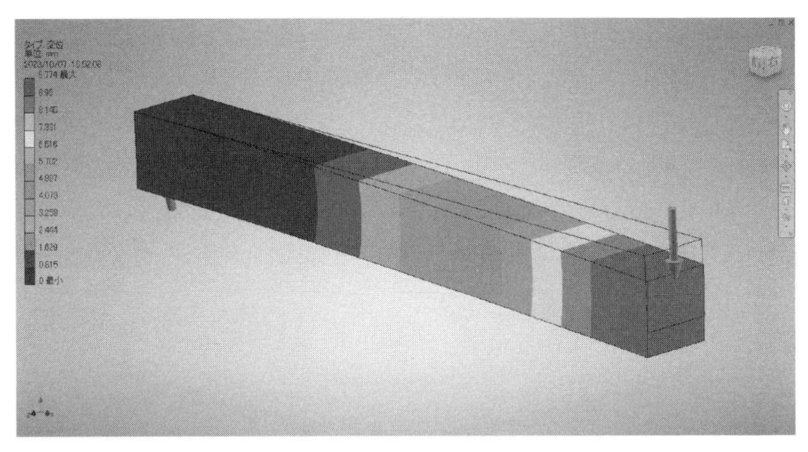

図 8.18　変位

8.3　対応策 2：中立面を拘束する

結果を見たときにさらにベターと考えられる方法では、**図 8.19** のように固定面の中央に十字にエッジ分割をします。その上で分割された固定面は X 方向固定、中央の水平エッジは Y 方向固定、中央の垂直エッジは Z 方向固定を指定します。この拘束条件で解析したときの応力分布は**図 8.20** のとおりになります。

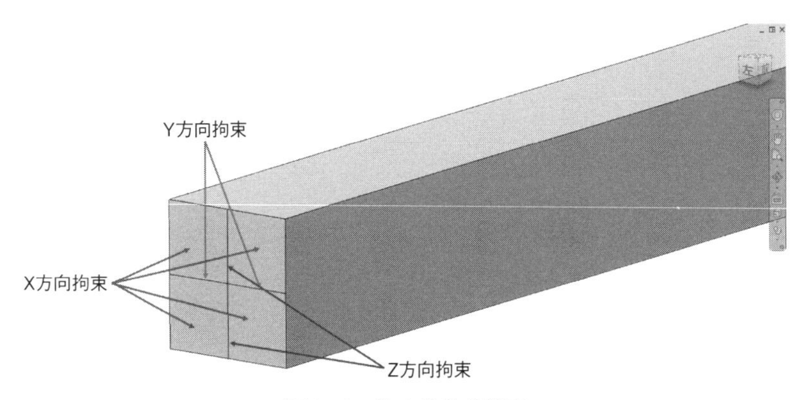

図 8.19　拘束条件の設定

側面から見たときの応力分布は、教科書と同じく上下の面に高い応力が発生していることがわかります。モデル左横の応力の大きさを示す凡例を見ると、334.3 MPa となっています（**図 8.21**）。これまで見てきた解析とは違い、特異点によくみられる応力の上昇がなかったことがわかります。また、この値は、333.33 MPa という理論値にもかなり近い値になっていることもわかります。

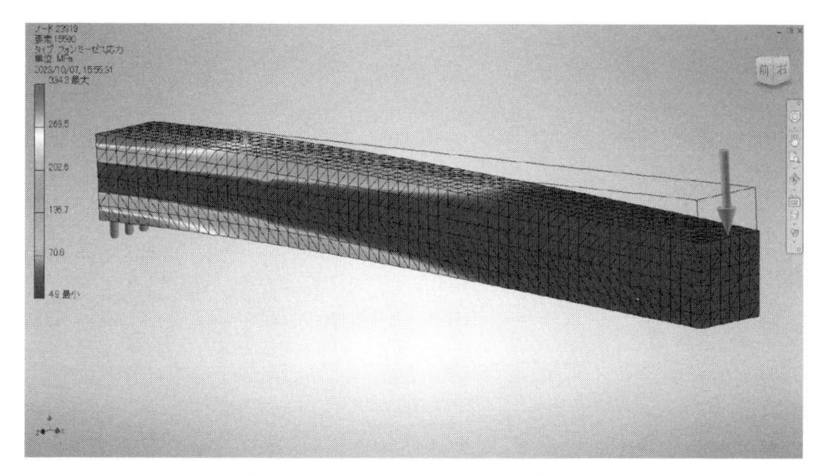

図 8.20　側面から見た応力の分布

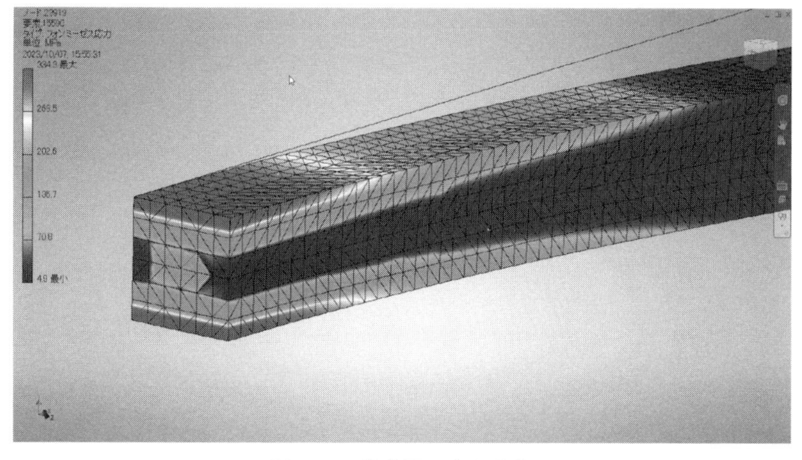

図 8.21　拘束面の応力分布

ただ、拘束面の応力分布を見てみると完璧ではありません。特に断面中央部に約100 MPaから200 MPaの応力が発生していることになっています。しかし、本来ここは応力が低い領域であり、特に中央部は曲げの中立面にあたる部分なので本来は0になるべきところです。中央部は全自由度の拘束がかかる場所であり、拘束条件が影響を及ぼしているものと思われます。

とはいえ、これまでの解析事例のように、モデルに発生する最大の応力値に影響を与えてはおらず、全体の応力分布をより精度よくとらえられるモデルにはなっていると思います。

8.4　特異点が形状に起因するケースと回避方法

別の事例を取り上げてみます。細長い棒の中央に三角形の切り欠きがあり、その端面を引っ張るというものです。応力集中が起きますから、これをとらえるには十分に細かいメッシュが必要そうです。解析モデルは単純な角棒の中央に切れ込みが入っており、角棒の片方を壁に固定し、反対側を1000 Nの荷重で引っ張るモデルにします。

最初にRのついていない直角のままで解析をします。全体を4 mm基準のメッシュで作成したものから始めて、切れ込みの面のみを2 mm、1 mm、0.5 mm、0.25 mm、0.125 mmと細かくしていきます（**図8.22、8.23、8.24、8.25、8.26、8.27**）。メッシュを細かくすればするほど、角部の応力集中がより細かくとらえられていますが、同時に応力自体はひたすら高くなっています。

応力が際限なく上昇していく場所を特異点と呼びます。一般に応力集中などが起きるのは、角や切り欠きなど、断面が急激に変化するような場所です。拘束条件がつけられたり、接触などが起きたりする場所も要注意です。

ここで気になることが出てきました。いくら応力が集中すると言っても現実的には無限に上昇するわけではないはずです。そんなことだと、応力集中部位があると簡単に破断してしまうことになります。実はFEMで解析を行う上でこのような「特異点」が発生することは珍しくありません。特異点では、メッ

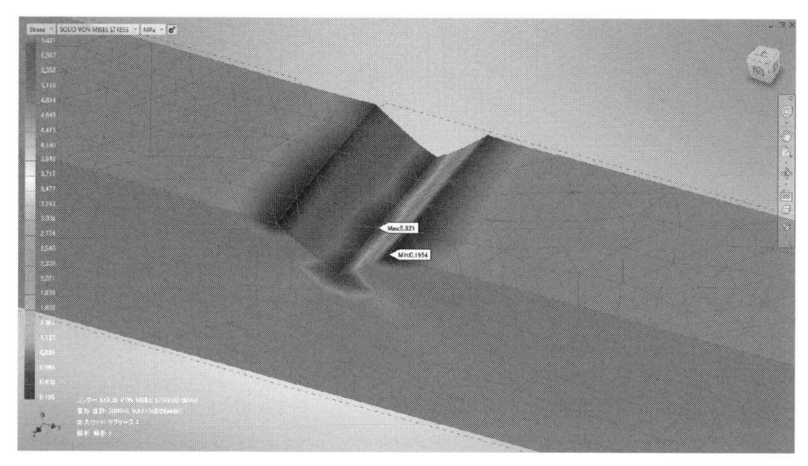

図 8.22　メッシュ基本サイズ 4 mm　最大フォンミーゼス応力：5.821 MPa

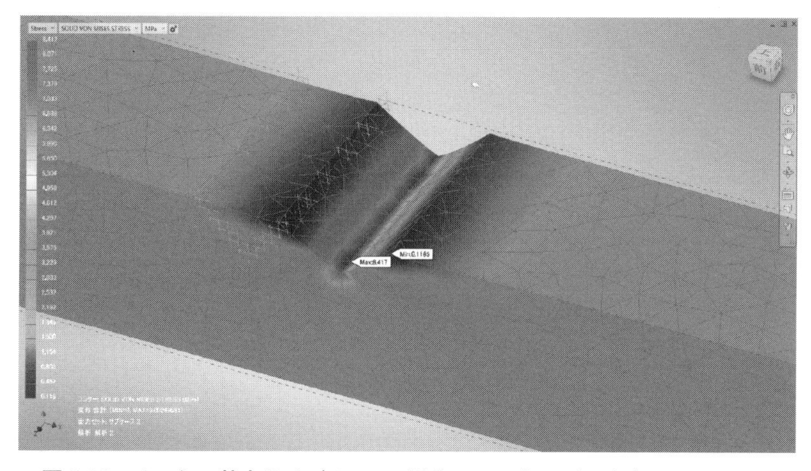

図 8.23　メッシュ基本サイズ 2 mm　最大フォンミーゼス応力：8.417 MPa

シュを細かくすればするほど、応力はひたすら上昇します。困った現象と言えばそれまでなのですが、どうしたらよいのでしょうか？　対処法としては２つあります。１つ目は「無視する」です。ちょっと乱暴に思えるかもしれませんが、特に解析の目的が全体の傾向を捉えることであって、特異点と思われる部位の付近が評価の場所ではないのであれば、無視してしまうのも１つの手です。

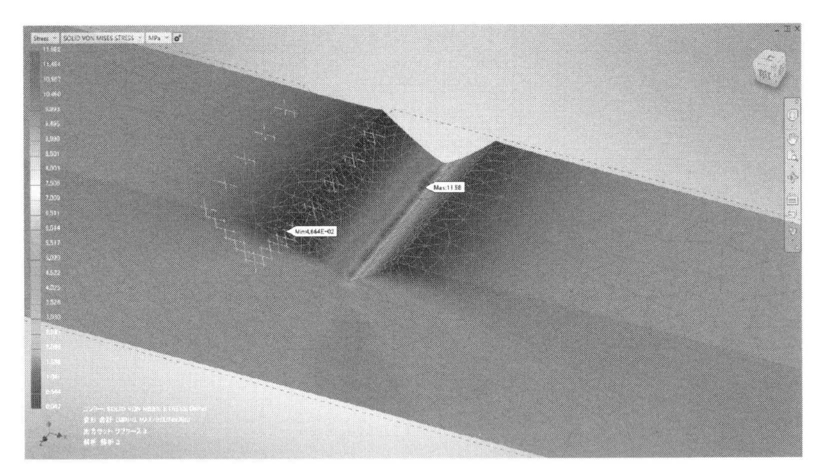

図 8.24　メッシュ基本サイズ 1 mm　最大フォンミーゼス応力：11.98 MPa

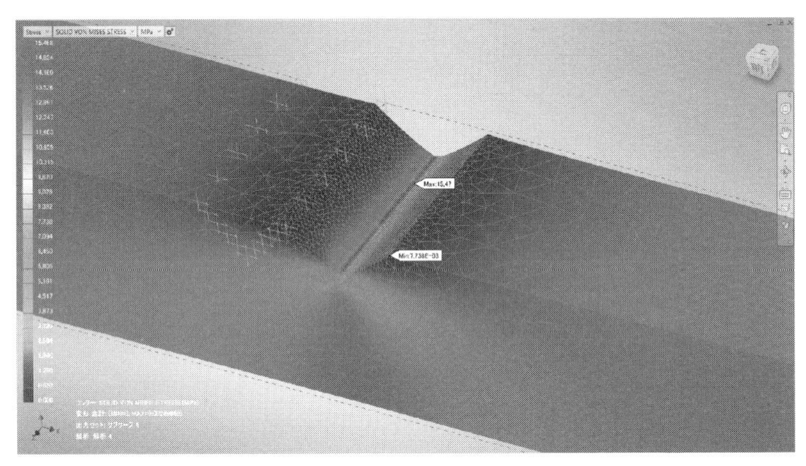

図 8.25　メッシュ基本サイズ 0.5 mm　最大フォンミーゼス応力：15.47 MPa

逆に、特異点付近が評価のポイントであるとか、きちんと数値を把握しておきたいこともあるでしょう。その場合にできることは、「角」の部分に「R」を入れることです。3DCAD のジオメトリ上で完全なピン角になっている部分に対して、フィレットで R をつけてください。現実の部材において完全な直角は存在せず、必ず何らかの微小な丸みがあるはずです。切削加工などで作ってい

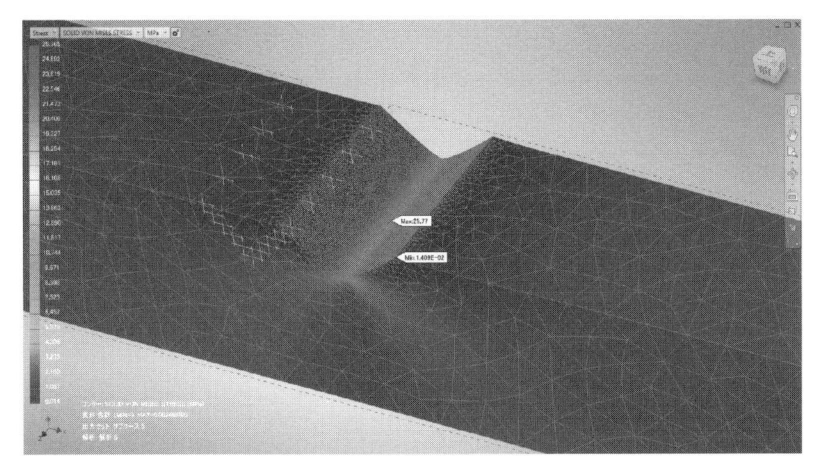

図 8.26　メッシュ基本サイズ 0.25 mm　最大フォンミーゼス応力：25.77 MPa

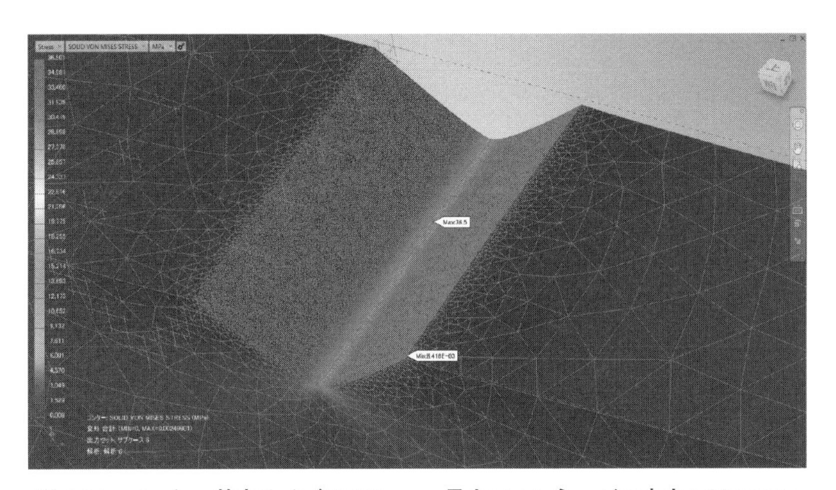

図 8.27　メッシュ基本サイズ 0.125 mm　最大フォンミーゼス応力：36.5 MPa

るのであれば、使用しているエンドミルの半径分の丸みがついているはずです。その意味ではこちらのほうがより現実に近いとも言えます。

一般に FEM のメッシュを作る前に、作成したジオメトリから微小なフィレットやC面、小さな穴などを削除するのはよくやる操作です。これらの微小なフィーチャーがあると、その領域付近を再現するためにメッシュが非常に細かくなってしまうためです。特に応力などに大きな影響を与えないのであれば、それらのフィーチャーをあらかじめ削除して、不必要にメッシュが細かくならないようにするのです。ただ、今回のような特異点に当たる場合には、もしフィレットがついている部位ならあえて残しておき、ないのであれば微小なフィレットを追加します。この際に重要なのは、CAD のジオメトリでつけたフィレットの R に沿って、メッシュが何分割化になるように細かなメッシュをはることです。そうでないと、フィレットをつけた意味がなくなります。

では、そのようにした上で応力集中部の応力値を手計算で確認してみましょう。今度は確かに、結果が収束することが見て取れます。これが本来の応力であると考えてもよいでしょう。材料力学による手計算での推定のやり方がわかれば、さらに自信を持って解析結果を導いていけるのではないでしょうか。

8.5　改善後のメッシュで結果を見よう

実際のモデルに R があるのであれば、その R を活かします。元々のジオメトリにあった場合には、デフィーチャーの際にこの R だけは残しておくようにしましょう。フィレットの設定が元々のジオメトリにない場合には、その寸法サイズに合わせて、ジオメトリに大きく影響を与えないくらいの R を CAD 上でつけておきます。その上でメッシュを作成しますが、その際にフィレットの R に沿った細かなメッシュが作成されるように、ローカルなメッシュ設定をしておきましょう。解析において重要なのはメッシュですから、R に沿ったメッシュが作成されなければ意味がありません。

では、このモデルの切れ込みの底との角に R をつけたモデルで、同様にメッシュを細かくしながら解析を進めてみましょう。このモデルでは、元のジオメトリの溝の底の角の部分に R1.0 の丸みをつけています。

メッシュサイズが 1 mm 以上ではそもそも R に沿ったメッシュがうまく作成されていないので、R がないモデルと比較して有意な差がありません。それより細かいメッシュサイズでは、最大の応力の値が収束していることがわかります（図 8.28、8.29、8.30、8.31、8.32、8.33）。

このように、応力集中が確認できる特異点の部分には適切なサイズのフィレットをかけます。ある一定の値に応力を収束させることができますので、応力の自体の評価も可能になります（図 8.34）。

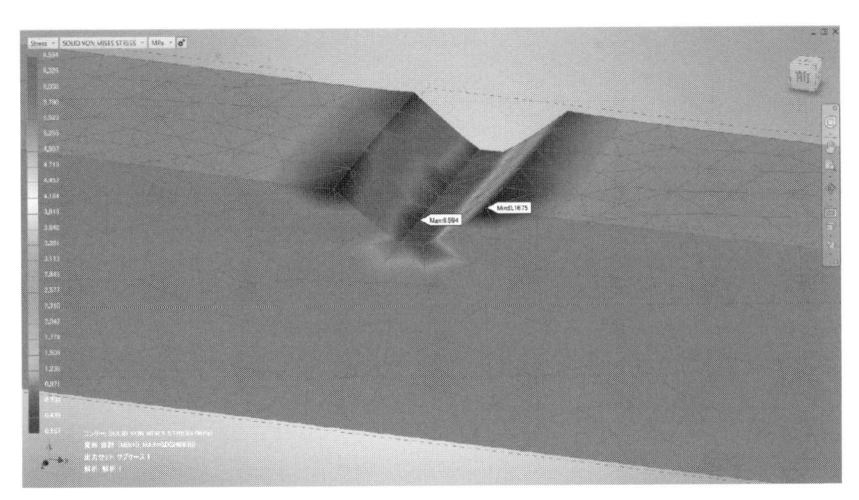

図 8.28　溝側面のメッシュサイズ 4 mm　最大フォンミーゼス応力：6.569 MPa

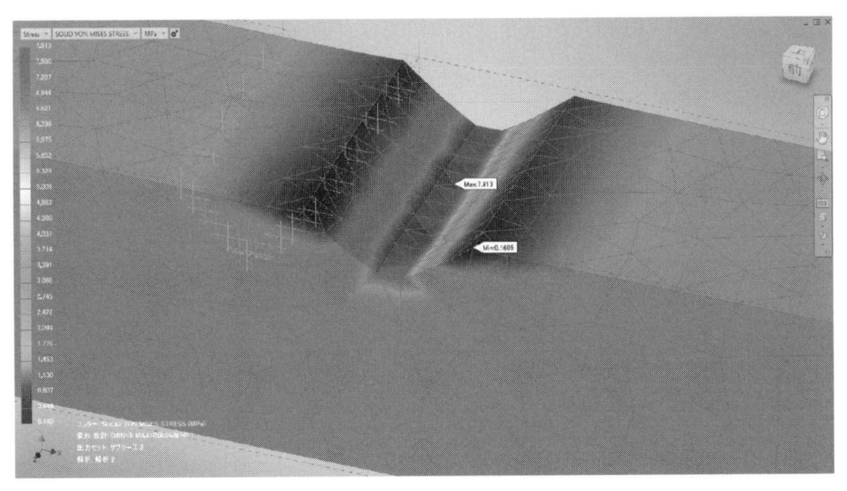

図 8.29　溝側面のメッシュサイズ 2 mm　最大フォンミーゼス応力：7.913 MPa

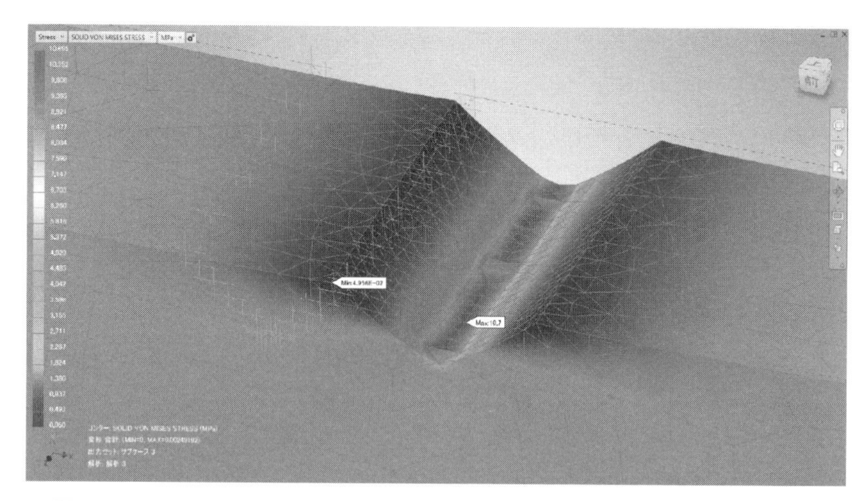

図 8.30　溝側面のメッシュサイズ 1 mm　最大フォンミーゼス応力：10.7 MPa

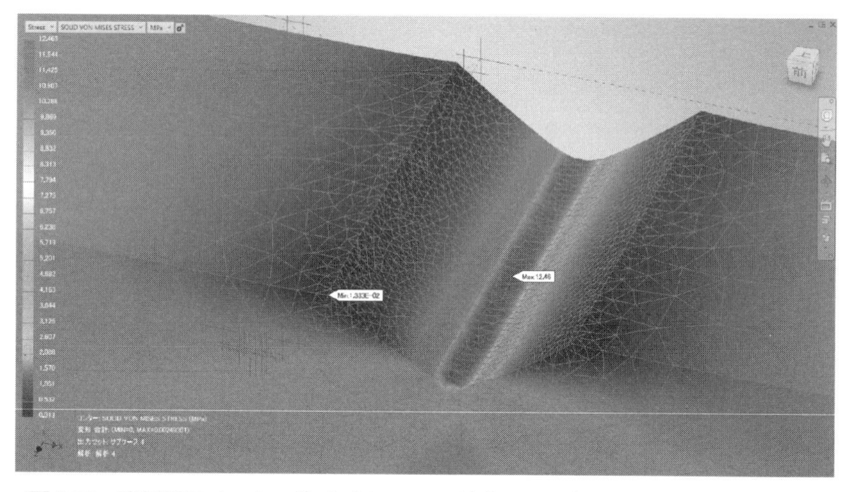

図 8.31　溝側面のメッシュサイズ 0.5 mm　最大フォンミーゼス応力：12.46 MPa

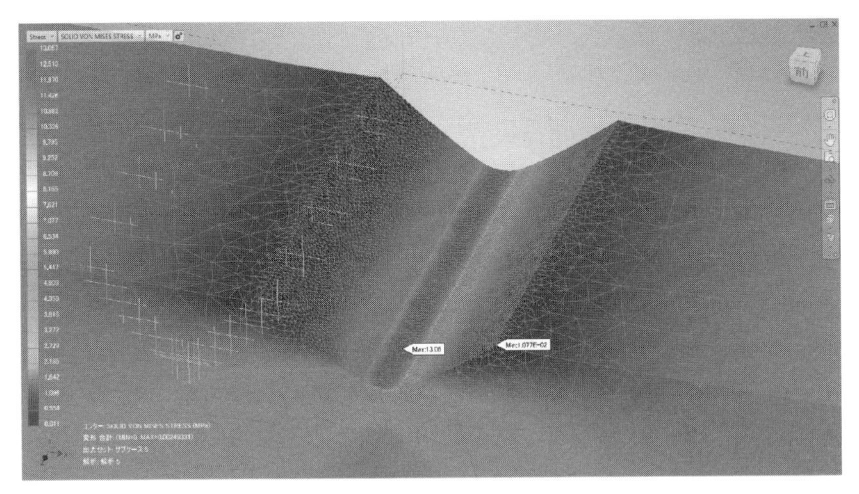

図 8.32　溝側面のメッシュサイズ 0.25 mm　最大フォンミーゼス応力：13.06 MPa

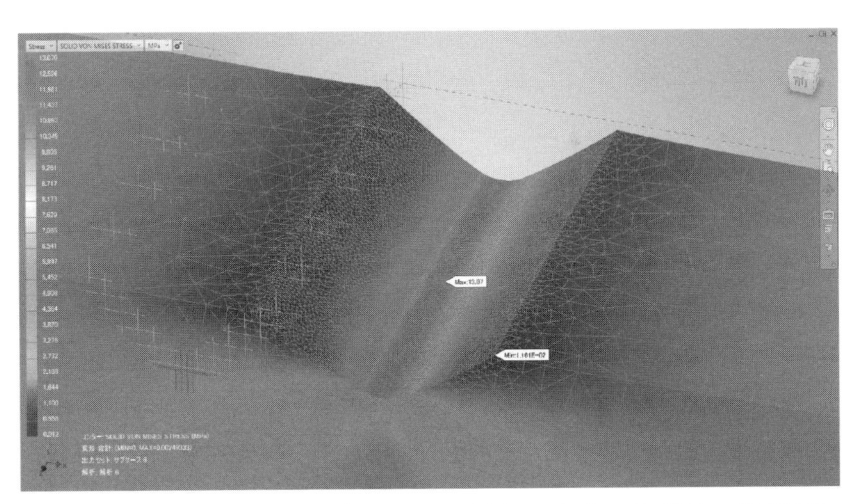

図 8.33　溝側面のメッシュサイズ 0.125 mm　最大フォンミーゼス応力：13.07 MPa

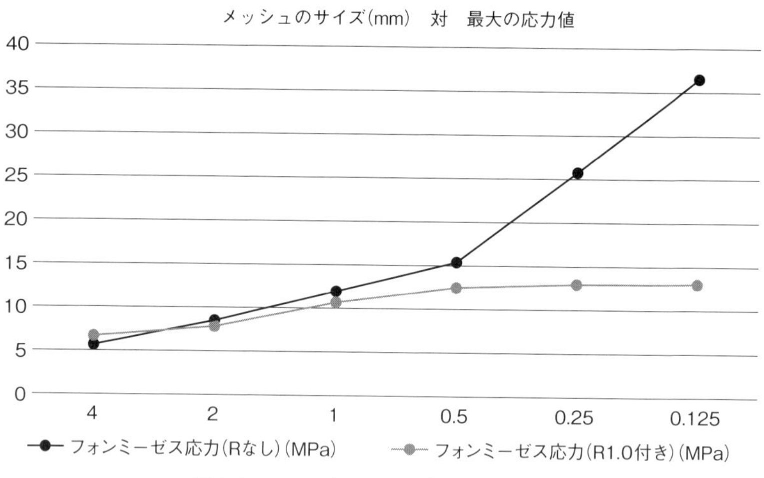

図8.34　メッシュサイズと応力の関係

第9章

解析モデルが非現実的な変形をしてしまう

最後の章では、「非線形解析」について触れてみたいと思います。一般に機械部品の設計に関わるシミュレーションでは、非線形解析をしなければいけない場面は少ないと思います。というのも、機械部品ではそもそも部品が壊れるような応力の領域に至る荷重をかけることは想定されません。また、比較的剛性の高い合金などを使用することも多く、弾性領域での変形が非常に微小であるためです。最近では樹脂を使う場面も増えてきているとは思いますが、高い負荷がかかるような場所で使われることが少なく、高い応力や大きな変形も見込まれないケースがほとんどだと思います。もちろん、たとえば板ばねに似て、塑性変形はしないものの見た目に大きな変形をする部品もなくはないとは思いますが、全体から見れば少ない割合です。多くの場合には最大の設計負荷がかかった場合でも見た目の変形量は少なく、場合によっては気がつかないことも多いのではないでしょうか。

そのような状況であれば、非線形解析は必要ではありません。非線形解析が求められるのはどんな状況かというと、大きな形状の変化が起きている場合や、それにともなって材料も塑性してしまうなど、応力とひずみの関係が比例関係になくなってしまう場合などです。

9.1 【解析例】なぜか形状が非現実的に膨らんでいる

図 9.1 のような例を見てみましょう。断面 10 mm×10 mm、長さ 500 mm の合金鋼製の片持ち梁の先端に、下向きに2000 Nの荷重をかけて曲げたものです。少々非現実的な変形をしていますが、ここではそこに目をつぶっていただいて、変形の状況に着目していただきましょう。何か変なところは見受けられないでしょうか？

もう一つ例題を見ていただきましょう。**図 9.2** は 100 mm×100 mm の大きさの板を、左下の点を軸にして右下の点に上向きに50 mmの強制変位を与えてみた例です。正方形のエッジの長さは 100 mm なので、50 mm だとちょうど元の

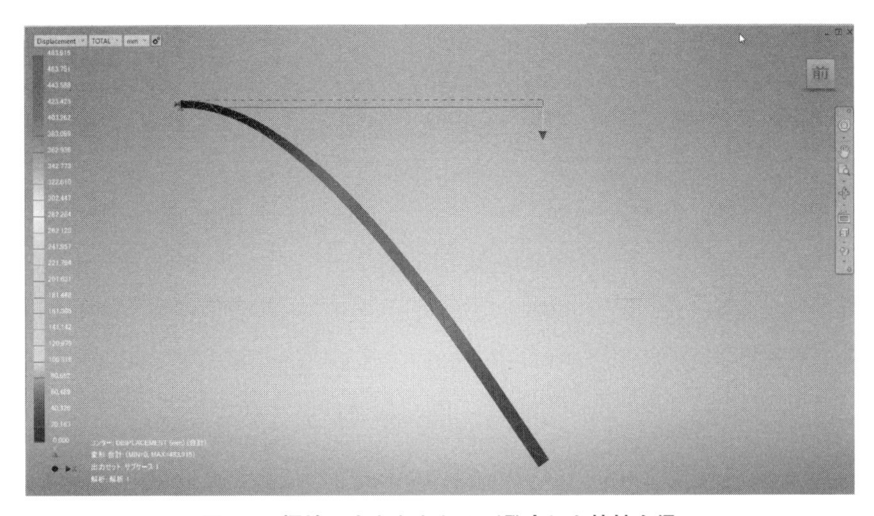

図 9.1　極端に大きなたわみが発生した片持ち梁

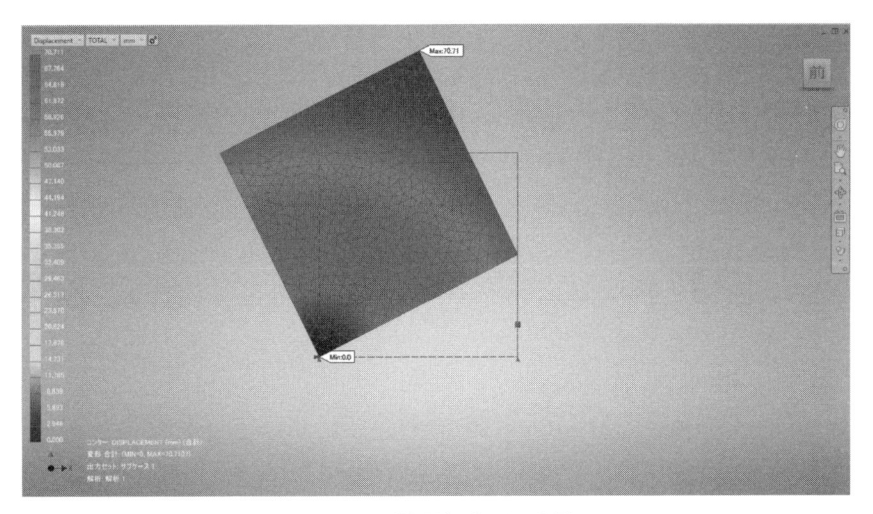

図 9.2　剛体回転する正方形

エッジの半分まで右下の点が上に移動しています。左下の点を軸にして 30 度回転するような状態です。一見、正しそうに見えますが、よく見るとこれもやはり変です。

図 9.1 は、棒が下方向にたわむのはよいのですが、通常下方向に棒を曲げれば、棒の先端は真下に移動するのではなく、水平方向の移動量も加味して斜め下に移動してきます。図 9.1 は、棒は下に曲がりながら長さも伸びているような状態です。さらに、先端が太くなっているのも確認できますが、これも実際には起こりえない状況です。

図 9.2 は、これはたんに板を回転させているだけにも関わらず、板自体が膨張しています。辺の長さが最初は 100 mm だったにも関わらず、回転とともに膨張して辺が長くなっていることがわかります。回転させているだけなのに膨張するのは、そもそも理屈に合いません。

実は、これは「線形」解析を行っていることが理由なのです。本書においては詳しいことは述べませんが、普段機械部品設計のために行っている線形解析では、その基礎となる方程式の中で回転項を省略しています。そのため、線形が想定する範囲内の挙動であれば実用上正常な計算ができるのですが、今回のような大きな回転を伴う場合には、非現実的な挙動を生じるのです。

したがって、たとえば金属加工における加工プロセスのシミュレーションなどのように、材料も塑性領域の扱いをしなくてはなりません。それだけではなく、形状が元の形から大きく変形するような場合、あるいは、塑性はしないが前述の板ばねやスナップフィットをはじめとして大きく曲がるなどのような現象が生じる場合には、不正確な変形や応力をシミュレーションの結果として出してしまうことになるのです。ここでは少し、非線形とは何かについて考えていきたいと思います。

9.2　大変形解析では非線形解析をしないと非現実的な結果になる

非線形解析というとき、そもそもいったい何が非線形なのか。そして線形解析と非線形解析はどのように使い分ければよいのか、最終的に非線形解析を行うにはどうしたらよいのか、という疑問に至ると思います。非線形解析をまともに説明するとそれだけで本が一冊以上書けてしまいますし、正確に説明しようとすると非常に難解なものになってしまいますので、ここではざっくりとイメージがつく程度の解説にとどめておきます。ご興味があり、また数学や連続体力学などを学ぶバックグラウンドをお持ちの方は、その方面の専門書を読んでいただくことをおすすめします。

非線形とは何か

さて、何が「線形」で、何が「非線形」なのでしょうか。簡単に言ってしまえば、荷重をある物体に載荷したときに発生する変位が、その荷重に比例したものになれば線形で、比例関係にならないのであれば非線形です。グラフで示すと**図 9.3、9.4** のような違いになります。

ここで、$\{f\}$が荷重ベクトル、$\{u\}$が変位ベクトル、$[K]$が剛性マトリクス、$[K_T(u)]$が接線剛性マトリクスです。

では、このような非線形性は何によってもたらされるのでしょうか？　非線形をもたらすものは、「幾何学的非線形（形状非線形）性」、「材料非線形性」、「境界条件非線形性」の3つです。順番にその概要をお話していきます。

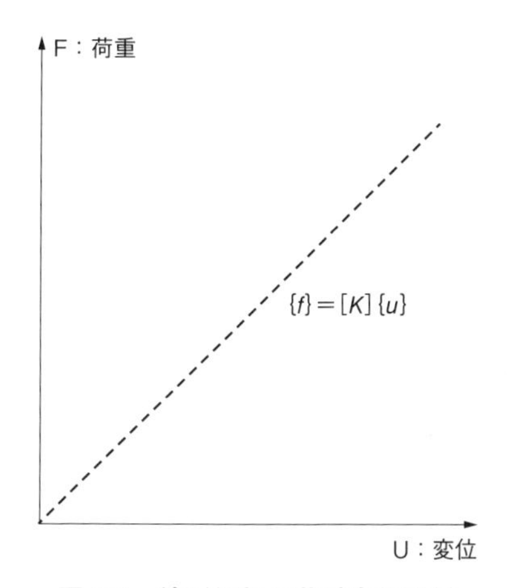

図 9.3　線形解析の荷重変位関係

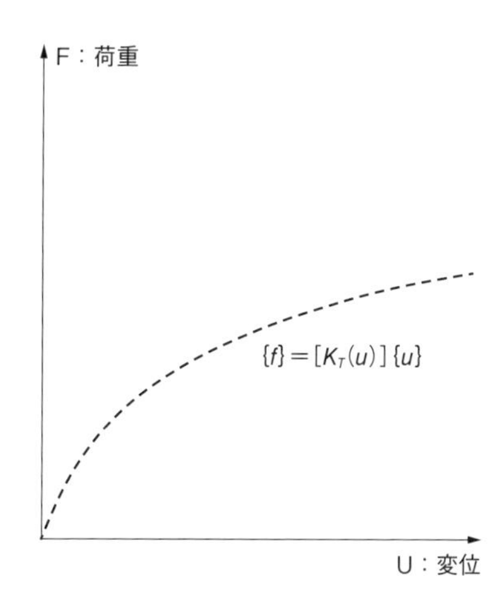

図 9.4　非線形解析における荷重変位関係

幾何学的非線形（形状非線形）性

幾何学的非線形性は、3つの非線形性の中では最も直感的な理解が難しい非線形性です。運動方程式の観点から見れば、変位とひずみの関係が非線形である関係とも言えます。この非線形性は、ごく簡単に言えば、物体の形状が大きくひずみ、あるいは回転することによって生じるものです。なかなか理解は難しいのですが、この非線形性を語らずして、大変形問題を扱うことはできません。

現象としてはたとえば、**図9.5**のような四角形の要素が横に伸びていくと剛性が低下します（**図9.6**）。これは「大ひずみ」によって剛性が変化する現象です。また、**図9.7**のような「大回転」によっても剛性が変化します。

このような現象を扱うためには「非線形解析」を行う必要があります。理論としては難しいのですが、とりあえず大変形による「大ひずみ」が発生したり、要素が大きく回転したりするような現象が起きたときには、線形解析ではなく非線形解析が必要と覚えておくとよいでしょう。

材料非線形性

荷重と変位の非線形な関係は、材料非線形性によっても生じます。部品設計などにおいて使用する線形弾性材料の剛性を決めるのは、ヤング率という一つの定数のみです。したがって、おなじみの式(9.1)

$$\sigma = E\varepsilon \tag{9.1}$$

によって、応力とひずみの関係が線形に結びつけられます。しかし、材料によってはこのような関係で示せない材料もたくさんあります。そのような材料

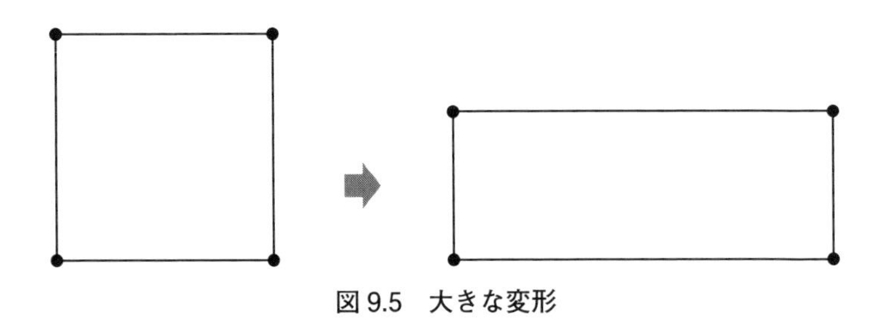

図9.5　大きな変形

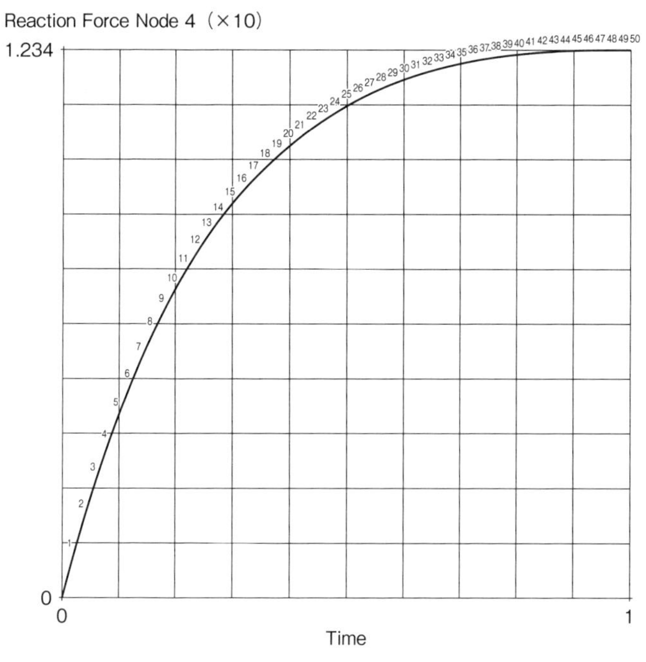

図 9.6　図 9.5 を右側の強制変位で変形させたときの左側の節点に発生する反力

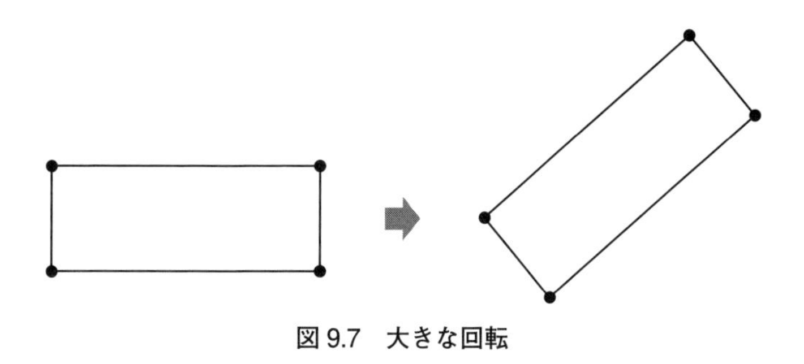

図 9.7　大きな回転

の一つが、以下のような式で示される弾塑性材料です。

図 9.8 は合金鋼のような、降伏強度がはっきりしている材料の応力・ひずみ曲線の例です。応力がゼロから降伏応力までの弾性領域の間は線形の材料ですが、それ以降はもはや線形の関係がなりたたなくなります。これは材料の塑性を扱う場合ばかりでなく、弾性材料ではあるけれど、挙動が非線形という材料

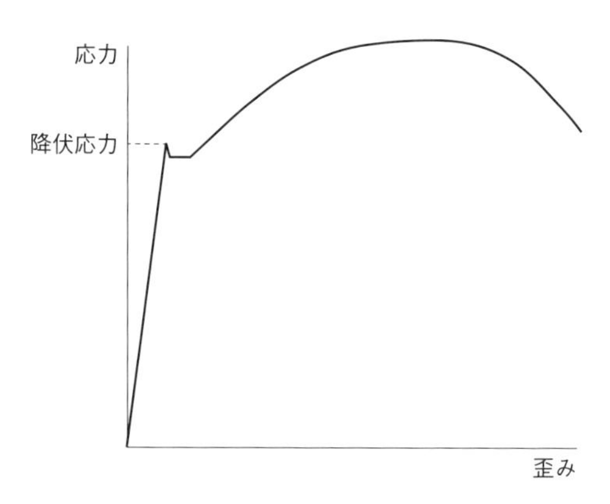

図 9.8　延性材料の典型的な応力・ひずみ曲線

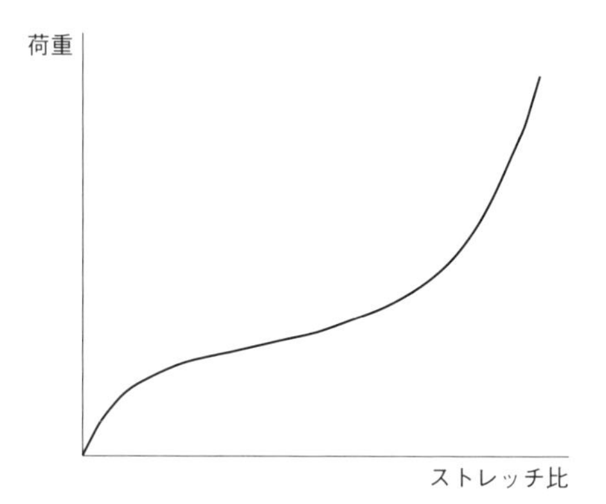

図 9.9　超弾性体（ゴムなど）の応力伸長比曲線

も当てはまります。**図 9.9** の応力とひずみ（あるいはストレッチ比）の関係は、エラストマーなどゴム材によくみられるものです。このような関係も挙動に非線形性を与える挙動です。

境界条件非線形性

　挙動を非線形にする最後の条件が境界条件非線形性です。これもイメージしにくいものかもしれませんが、境界条件が解に大きな影響を与えることはご理解いただいていると思います。ゆえに、境界条件の変化自体も挙動の非線形性につながることは想像ができるでしょう。境界条件非線形性によって、ごく簡単に言えば、境界条件（拘束条件や荷重条件）の変化によって、物体にかかる荷重と変位の関係に非線形性が生じてしまうということを意味します。

線形解析でカバーできる範疇の解析では、基本的に荷重条件や境界条件が変化することは考えられません。しかし、大きく形状が変化していく解析の場合には、物体の変形に応じて、部品間の接触条件が変化していったり、大きく変形したりする物体にかかる荷重の向きなどが変化したりする場合（追従荷重とか従動荷重などともよばれます）などは、荷重と変位の関係が比例の関係にはなりません。これも、挙動に非線形性を生じさせる原因となります。

また、一般に接触条件も境界条件非線形性として考慮します。もちろん、線形解析においても「接触」という設定は、特にアセンブリ解析の場合には必ずといっていいほど使います。基本的には、線形解析の場合には、接触面における状態が固着していたり、微小な滑りに限定されていたりすると考えてよいでしょう。ただ、大変形を起こすような場合には、解析の進捗に応じて大きく滑ったり、分離したりするなど、状況が大きく変化していくこともめずらしくありません。それに応じて接触部位の節点の境界条件も変化します。

非線形解析の解き方

基本的にはいかなる解析であっても、非線形解析のほうがより厳密です。しかし、一般に変形量がそれほど大きくはない機械部品設計における強度解析などでは、線形解析にとどめることがほとんどです。その理由は、計算コストの問題でしょう。線形解析であればほぼ一瞬で計算が終わってしまう場合であっても、非線形解析にするともう少し時間がかかります。そのわりに解にそれほど違いがないのであれば、厳密さを求めるのでなければ線形解析でよいということになります。ここでは、その意味をもう少し確認してみたいと思います。

まず線形解析を見てみましょう。線形解析は言ってみれば以下の式(9.2)のような一次方程式を解くのと同等です。

$$y = ax \tag{9.2}$$

つまり、与えられた y（荷重）に対して x（変位）を求めよ、ということですね。これは簡単に式(9.3)で求められます。

$$x = \frac{y}{a} \tag{9.3}$$

つまり、線形解析の場合には四則演算で答えが出てしまうため、かなり大規模な問題であっても解き方自体はシンプルで、一回の演算で答えが出てしまうということになりますね。

それでは、非線形解析はどうでしょうか。非線形の例としては、以下の式(9.4)のような２次方程式を解くことを考えてみたいと思います。

$$y = ax^2 \tag{9.4}$$

この式で与えられた y について、x を求めようとすると以下の式(9.5)のようになります。

$$x = \sqrt{\frac{y}{a}} \tag{9.5}$$

今回の問題点は、単純な四則演算で答えが求められないという点にあります。このような場合は、現在の値（既知の値）を出発点して、増分的に少しずつ解を求めていく方法を取るのが一般的です。このような解き方を増分解法と言います。そして、非線形解析においては、増分解法の代表的なものであるNewton–Raphson 法などを用いて解を求めています。

この Newton–Raphson 法を使った非線形問題の解き方のざっくりとしたイメージが**図 9.10** です。ある状態（現在の状態）から荷重が負荷され、その荷重がかかったときの変位の状態を求めたいとします。載荷したい目標荷重は F なので、F を使って一回目の計算を行います。これはとりもなおさず、$F = ku$ を解くことになるのですが、このときに使う k は接線剛性マトリクスと呼ばれるものです。一回目の計算においては、図 9.10 の一番左側の接線剛性マトリクスを使って、目標荷重である増分荷重 F について、Δu_1 を求めることになります。

問題はこの接線剛性マトリクスを使って変位増分を求めると、実際の材料の応答から大きく外れた値が出ることです。本来であれば、荷重値 F から引いた水平線が曲線と交わるところが解となるわけですが、実際には Δu_1 の部分しか求められていません。つまり、実際の材料の応答から外れた値が求まったこと

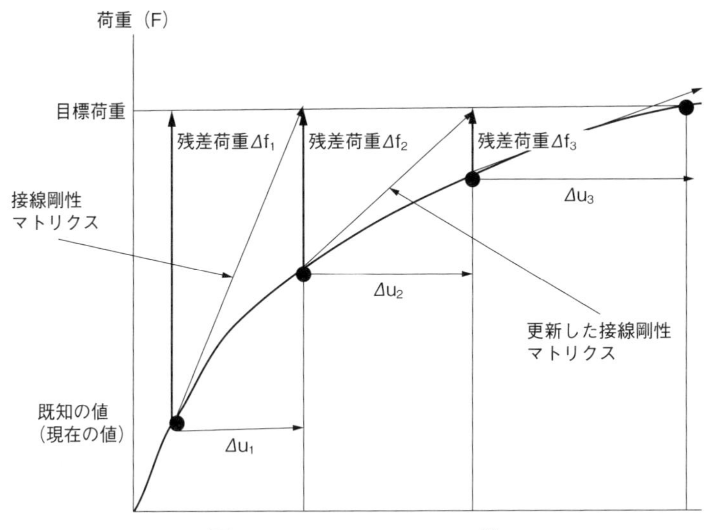

図 9.10　Newton-Raphson 法

になります。この状態は力の釣り合いもとれていませんが、このときの不釣り合いの力を残差荷重と言います。

この段階ではまだかなりの誤差があるので、この点から 2 回目の繰り返し計算を行います。解が修正されて、残差荷重 Δf_2 を求めて、さらに更新された接線剛性マトリクスを使って Δu_2 が求まります。ここで誤差が十分に小さければ計算を打ち切りますし、まだ大きいと考えるのであればさらに繰り返し計算を続けます。ひたすら繰り返せばより厳密に解が求まりますが、無限に計算を続けるのはもちろん現実的ではありません。一般的には、実用上問題のない範囲に誤差が収まれば、「収束した」と考えて計算を打ち切ります。

非線形性がそれほど強い問題でなければ、荷重増分（目標荷重）を大きくとってもそれほど繰り返すことなく、収束解が求まります。逆に非線形性が強いと、増分を非常にたくさん繰り返す必要がありそうです。

実際の非線形解析では、材料の挙動がどうなるかわからない場合も珍しくありませんので、一回の荷重増分はあまり大きくならないようにして問題を解いていきます。たとえば、トータルで 1000 N の荷重をかける場合でも、1 回

100 N を 10 回に分けて荷重をかけるなどです。また、多くのソフトでは、計算の状況に応じて自動的に増分の大きさを調整してくれる機能も備わっています。

さて、なぜ変形量が比較的小さい場合には線形解析のほうが効率がよく、逆に大変形や大回転をする場合には非線形解析をすべきなのかを総括します。

非線形解析を増分解法で行う場合のイメージは、たくさんの線形解析を何度も繰り返して行うことです。たとえば、先ほどの例で用いた 1000 N を 10 増分 100 N ずつ載荷し、各増分で 2 回の繰り返し計算をします。その場合、1000 N を解き終わるのに、10 増分×2 の繰り返し計算でトータル 20 回の線形の計算を行ったのと同じことです。それほど差が出ないような内容なら、線形解析のほうがコスパがよいことになります。

一方、非常に変形量も大きく非線形性が強い問題を（たとえば、先ほどの Newton–Raphson 法の説明で例示したような場合）一回の計算で解くと、本来の求めるべき変形と比較するととんでもなく大きな違いを生んでしまうことも考えられます。それゆえに、大きな非線形性がある場合には、非線形解析を行ったほうがよいということになります。

線形解析とどう使い分ければいいのか

すると、いつ非線形解析を行えばよいの？　という疑問が出てくると思います。極論すれば、どんな解析でも非線形解析を行っても構いません。単に計算のコスパが悪くなるだけです。とはいえ、どこかで線引きが必要です。

材料の非線形性がある場合

材料に非線形性がある場合には、そもそも線形解析では扱うことができません。弾塑性材料において、塑性を扱う場合には変形自体も大きいことが一般的です。ゆえに塑性を扱うような場合には、非線形解析が必須です。また、ゴムのような超弾性材料を扱う場合も同様に、非線形解析が望ましいでしょう。

ただし、ゴム材の材料物性の定義に、ムーニーリブリン則などを使った超弾性材料を定義する材料のかわりに、通常のヤング率とポアソン比を使って、たとえばヤング率 10、ポアソン比 0.49 などのように定義する場合もあります。本来、等方性弾性材料では超弾性の挙動は表現できませんが、ひずみが非常に小さい場合には、この表現に置き換えることも可能です。そのような場合であれば、線形解析を行ってもよいでしょう。

見た目に大きな変形や回転をする場合

これはかなり主観によってしまうので、あまり厳密な答えではありませんが、たとえば金属製の機械部品などは、比較的大きな荷重がかかったとしても、壊れるような状況にでも至らない限り、変形したこと自体がはっきりしない場合もあるでしょう。そんなときは、いつもどおり線形解析を行ってよいでしょう。

9.3　非線形を考慮した解析ではどうなるのか

冒頭に示した二つの例題について、ここまで説明をしてきた非線形性を含んだ解析を行うとどうなるのかを確認してみましょう。最初に片持ち梁のケースですが、弾性材料のままで（材料は線形材料）で幾何学的非線形を考慮した解析です（**図9.11**）。ちなみに、非線形解析を行うには、ソフトによっても多少操作方法に違いはあるかもしれませんが、たとえばInventor Nastranであれば、新たな解析ケースを作成する際に「非線形解析」を、SOLIDWORKS Simulationであれば、「非線形」を選択すれば必要な設定ができます。

今度は棒の先端が膨張したり、伸びたりせずに自然な変形をしていることがわかります。ところで、ここでは応力分布は示していませんが、シミュレーションの結果では梁の付け根付近に降伏応力をはるかに超える応力が確認されます。つまり、本来であれば材料の塑性、すなわち材料の非線形性を考慮して解析しないと、より実際に近い解析にはならないともいえます。

そこで、ここでは**図9.12**に示すように、塑性を簡易的に定義した材料物性を定義して解析を進めてみます。この材料は合金鋼を想定しており、ヤング率は205,000 MPa、降伏応力が250 MPaです。塑性後は元のヤング率の1/10を勾配にした応力とひずみの関係を定義します。降伏応力後は、厳密には試験の結果などから得た応力とひずみのデータを使用しますが、シミュレーションの際に

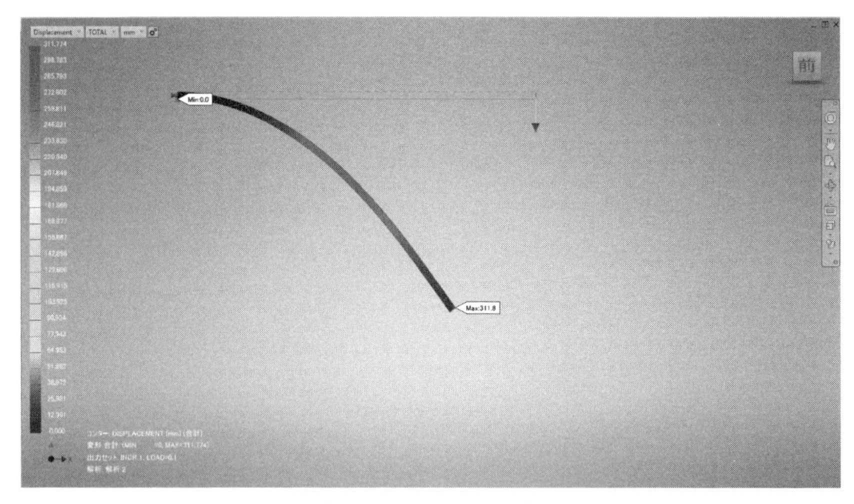

図 9.11　非線形解析で大きな曲げの問題を解析

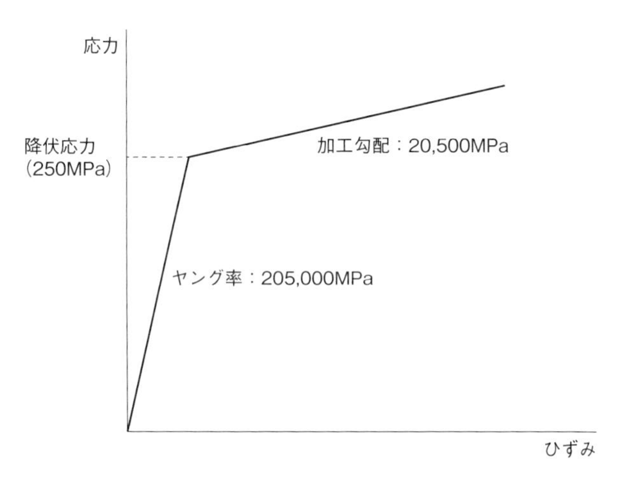

図 9.12　バイリニアモデルで示した弾塑性材料

は、簡易的にこのようなモデルに置き換えることは比較的よくあることです。このようなモデルをバイリニアモデルなどとも言うことがあります。このモデルを使って塑性を考慮したときの結果は**図 9.13** のようになります。

もっと垂れ下がったような形になっています。材料が塑性したことで、塑性

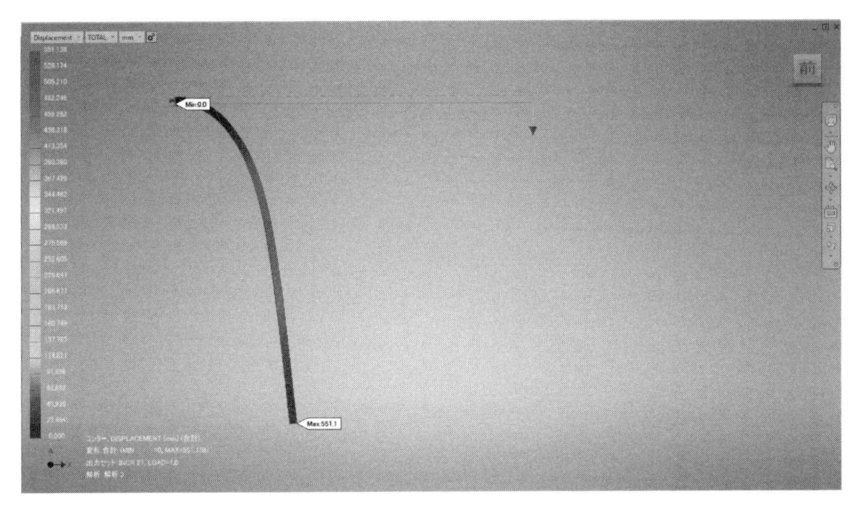

図 9.13　材料非線形と形状非線形を考慮した非線形解析の結果

した領域、つまり梁の根本付近の剛性が元の1/10に下がっていますので、より変形が進んだ形になっています。ただし、線形解析のときのような異常な変形が起きていないことは確認できます。

二つ目の例題の、非線形解析による結果も見てみましょう（**図 9.14**）。単純に回転した形になっています。これが本来期待する状態ですので、非線形解析を行うことによって、現実に即した結果が出たことが確認できました。

製品開発における機械部品の設計においては、大変形や材料の塑性を扱うことは比較的少ないと考えられます。そのため、本書の第６章までで使用してきた「線形解析」で、解析を進めて問題ありません。計算効率を考えてもそのほうがベターです。非線形解析を行ったほうが厳密であることは確かですが、繰り返し計算のため計算時間がかかってしまいます。そのわりに、計算結果自体は線形解析の場合と比較して、大して変わらないことが普通です。つまり、計算コストを考えるとわりに合わないのです。

その一方で、弾性挙動の範囲内でもスナップフィットのように目に見える大きな変形をするものもあります。また、本書では扱ってきませんでしたが、ゴ

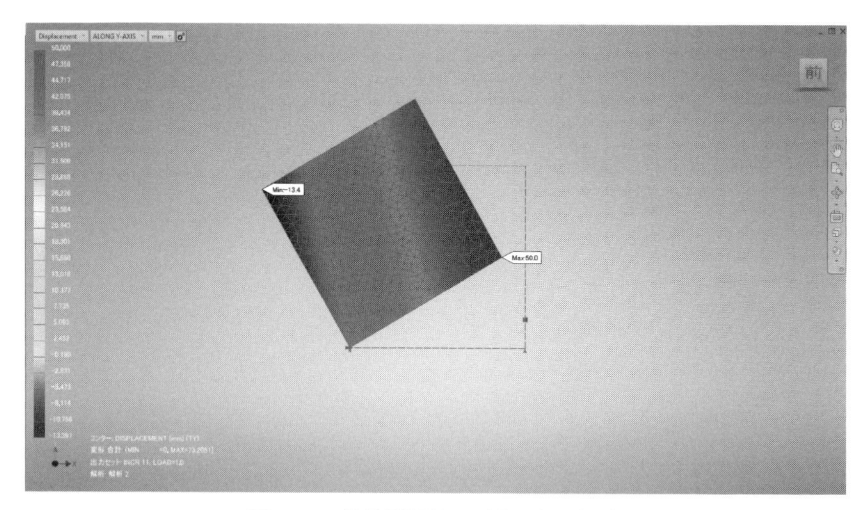

図 9.14　非線形解析で剛体回転を解く

ムのように弾性材料でありながら非線形の挙動を示し、かつ大きな変形をする材料を扱う場合もあると思います。そのようなケースでは、線形解析では信用度が低い解析結果になることがあります。線形解析の結果として、明らかに不自然な解析結果になった際には、非線形解析を試すとよいでしょう。

索　　引

【英字】

【あ行】

【か行】

【さ行】

【た行】

【な行】

【は行】

著者略歴

水野　操（みずの　みさお）

1967年東京生まれ。1992年 Embry–Riddle Aeronautical University（米国フロリダ州）航空工学修士課程修了。外資系CAEベンダーにて非線形解析業務に携わった後、PLMベンダーや外資系コンサルティングファームにて、複数の大手メーカーに対する3D CAD、PLMの導入、開発プロセス改革のコンサルティングに携わる。
2004年に有限会社ニコラデザイン・アンド・テクノロジーを起業。オリジナルブランド製品の展開やコンサルティング業務を推進。2016年には、設計外注、受託解析、3Dプリンタ導入支援をはじめとする製造業コンサルティング業務を行うmfabrica合同会社を設立。また、2017年には高度な非線形解析業務を推進する株式会社解析屋のCTOとして参画。
現在は、Hien Aero Technologies株式会社において、Urban Air Mobilityの機体開発にも従事している。

主な著書に、「絵ときでわかる3次元CADの本　選び方・使い方・メリットの出し方」「例題でわかる！　Fusion360でできる設計者CAE」「わかる！　使える！　3Dプリンター入門」（以上、日刊工業新聞社）、「モノが壊れないしくみ」（ジャムハウス）、「あと20年でなくなる50の仕事」（青春出版社）など。

https://www.mfarbica.com/
https://www.nikoladesign.co.jp/

材料力学を理解してCAEを使いこなす
CAEのよくある悩みと解決法　　NDC 501.8

2024年2月29日　初版1刷発行　（定価はカバーに表示してあります）

©　著　者　水野　操
　　発行者　井水 治博
　　発行所　日刊工業新聞社
　　　　　　〒103-8548　東京都中央区日本橋小網町14-1
　　電　話　書籍編集部　03（5644）7490
　　　　　　販売・管理部　03（5644）7403
　　ＦＡＸ　03（5644）7400
　　振替口座　00190-2-186076
　　ＵＲＬ　https://pub.nikkan.co.jp/
　　e-mail　info_shuppan@nikkan.tech
　　印刷・製本　美研プリンティング㈱

落丁・乱丁本はお取り替えいたします。
2024 Printed in Japan
ISBN 978-4-526-08319-8